尖峰岭
两栖爬行动物图鉴

王同亮　汪继超　主编

河南科学技术出版社
·郑州·

图书在版编目（CIP）数据

海南尖峰岭两栖爬行动物图鉴 / 王同亮，汪继超主编. —郑州：河南科学技术出版社，2023.9

ISBN 978-7-5725-1183-7

Ⅰ.①海… Ⅱ.①王…②汪… Ⅲ.①两栖动物—海南—图集②爬行纲—海南—图集 Ⅳ.①Q959.5-64②Q959.6-64

中国国家版本馆CIP数据核字（2023）第082494号

出版发行：河南科学技术出版社

地址：郑州市郑东新区祥盛街27号　　邮编：450016

电话：（0371）65737028　　65788613

网址：www.hnstp.cn

策划编辑：李义坤

责任编辑：申卫娟

责任校对：王晓红

封面设计：张德琛

版式设计：郑州新海岸电脑彩色制印有限公司

责任印制：张艳芳

印　　刷：郑州新海岸电脑彩色制印有限公司

经　　销：全国新华书店

开　　本：720 mm × 1020 mm　1/16　印张：13.25　字数：312 千字

版　　次：2023 年 9 月第 1 版　2023 年 9 月第 1 次印刷

定　　价：138.00 元

《海南尖峰岭两栖爬行动物图鉴》编委会

王同亮

男，1987 年 8 月生，理学博士，硕士研究生导师，海南省高层次人才。就职于海南师范大学生命科学学院。近年来一直从事两栖爬行动物生态与保护研究，主要研究方向为两栖爬行动物行为及生理生态学。主持海南省自然科学基金青年基金 1 项、海南省自然科学基金高层次人才项目 1 项; 参与国家自然科学基金、海南省重点研发项目等 20 余项。发表学术论文 30 余篇，出版著作 2 部，参编著作 1 部。

汪继超

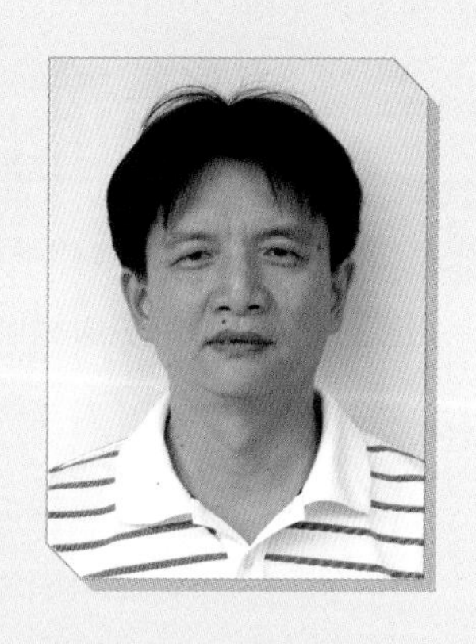

男，1973 年 10 月生，理学博士，教授，博士生导师，国家林业和草原科技创新领军人才，海南省领军人才。就职于海南师范大学生命科学学院。现任海南师范大学生命科学学院院长，热带岛屿生态学教育部重点实验室副主任，兼任全国野生动物保护管理与经营利用标准化技术委员会委员，海南省生态学会副理事长。长期从事野生动物生态与保护研究，主要研究方向为两栖爬行动物生态学。主持国家自然科学基金、海南省重点研发项目等 20 余项。发表学术论文 60 余篇，出版著作 3 部，参编著作 3 部。

海南地处热带北缘，属热带季风气候，是我国热带雨林主要分布地区，也是全球生物多样性热点地区之一。海南热带雨林国家公园管理局尖峰岭分局位于海南西南部，跨乐东、东方两县市，总面积 679 km^2，占公园总面积的 15.91%，其中核心保护区 505 km^2，一般控制区 174 km^2，森林覆盖率 98%, 是我国物种多样性最丰富的地区之一。尖峰岭片区全年温热，年均气温 24.5 °C，年均降水量 2 265.8 mm，年均相对湿度 88%，年均日照时数 1 625 h。丰富的水源、多样的生境以及独特的气候条件为动物生存提供良好的栖息环境。

本书的编写是在历史文献资料收集整理和野外实地调研的基础上进行的，共记录尖峰岭片区两栖爬行动物 113 种，其中两栖动物 38 种，隶属于 2 目 8 科 26 属；爬行动物 75 种，隶属于 2 目 21 科 54 属。本书所用的分类系统参考中国科学院昆明动物研究所的“中国两栖类”信息系统（2021）和中国两栖、爬行动物更新名录（王凯等，2020）。保护动物濒危等级参考世界自然保护联盟（IUCN）濒危物种红色名录（2022-1）、《中国生物多样性红色名录》（2021），保护动物名录参考《国家重点保护野生动物名录》（2021）。本书对物种形态特征、识别要点、生境、生活习性、濒危和保护等级等信息进行了描述，并配有彩色照片。可供高等院校师生、林业、野生动物保护与管理工作者以及两栖爬行动物爱好者参考使用。

本书野外实地调研和编著出版得到了海南省院士创新平台科研专项资金、2019 年中央财政林业改革发展资金、海南省自然科学基金青年基金项目（320QN256）、热带岛屿生态学教育部重点实验室、海南省热带动植物生态学重点实验室等科研项目或平台的资助。野外调研工作得到了海南热带雨林国家公园管理局尖峰岭分局领导及员工的多方面帮助。部分物种鉴定得到了中国科学院成都生物研究所丁利副研究员、海南省海洋与渔业科学院蔡杏伟副所长、安徽师范大学彭丽芳博士后、西藏大学硕士张勇的帮助。在此一并表示诚挚的感谢！

本书力求收录尖峰岭片区的两栖爬行动物，开展野外调查过程中收集到部分鱼类标本，拍摄图片资料附后。由于编者水平有限，部分物种照片质量欠佳，错漏和不足之处敬请广大读者批评指正。

编者

2022 年 12 月

CONTENTS
目 录

AMPHIBIAN

1 海南疣螈 *Tylototriton hainanensis*

英文名 Hainan Knobby Newt

别　名 海南瑶螈

分类地位 有尾目（Caudata）、蝾螈科（Salamandridae）、疣螈属（*Tylototriton*）

形态特征 体长 13~15 cm。头宽大扁平；吻端较平；头侧脊棱明显；耳后腺宽大，内弯；鼻孔近吻端；枕部“V”形脊棱明显，“V”形脊棱后端与背部脊棱相连；舌卵圆形，近白色；犁骨齿列呈倒“V”形。躯干呈圆柱状略扁；体侧各具纵行排列的瘰粒 14 ~ 16 枚；胸、腹部具细横缢纹；背脊棱明显。前肢较细，贴体前伸时指末端达眼；后肢较细，前后肢贴体相对时指、趾端相遇或略重叠；尾基部较宽，其后侧扁；尾背鳍褶较高而平直，尾腹鳍褶低而厚，尾末端钝圆。雄螈肛孔纵长，内壁具小乳突；雌螈肛部呈丘状隆起，肛孔较短，略呈圆形。皮肤粗糙，满布密集疣粒；体尾浅褐色或黑褐色；指、趾、肛周缘及尾下缘为橘红色；体腹面灰褐色。

识别要点 头、躯干略扁平；枕部“V”形脊棱明显；体尾浅褐色或黑褐色；指、趾、肛周缘及尾下缘为橘红色；体腹面灰褐色。

生　境 常见于海拔 770 ~ 995 m 常绿阔叶林山区。繁殖期常见于阔叶林和竹林遮蔽的水塘边。

生活习性 陆栖。常栖息于植物的根部、枯枝叶中或洞穴中。主要以蚯蚓、蛞蝓及其他小动物为食。繁殖期 4 ~ 5 月，卵产于水塘边坡地潮湿的落叶层下。

濒危和保护等级

IUCN 濒危物种红色名录（2022-1）：濒危（EN）

中国生物多样性红色名录（2021）：濒危（EN）

国家重点保护野生动物名录保护级别（2021）：国家二级

2　海南拟髭蟾　*Leptobrachium hainanense*

英 文 名　Hainan Pseudomoustache Toad

别　　名　无

分类地位　无尾目（Anura）、角蟾科（Megophryidae）、拟髭蟾属（*Leptobrachium*）

形态特征　体长 50 ~ 55 mm。头大而宽扁，吻部宽，吻端钝圆，略突出于下唇；吻棱明显；具雄性线；鼻间距约为眼间距的 2/3；鼓膜明显；舌大；无犁骨齿；具单咽下内声囊。前肢较细，前臂及手长略短于体长的一半；指细长，内、外掌突近圆形；后肢细短，贴体前伸时胫跗关节仅达肩部；指、趾端圆，色浅，趾侧具缘膜。体背面皮肤较光滑，具小痣粒组成的网状肤棱；腋腺大，近圆形，股后腺圆形或长形；四肢背面具长肤棱，胯部具浅色月牙形斑；背面紫褐色，体背面及体侧具紫黑色小斑点；眼大，眼球上半部浅蓝色，下半部黑棕色；前臂及股、胫部各具 3 ~ 5 条紫黑色窄横纹；腹面正中白色，腹侧及腹后部紫褐色，满布乳白色痣粒。

识别要点　头大而宽扁，吻部宽，吻端钝圆；眼大，眼球上半部浅蓝色，下半部黑棕色；背面紫褐色，体背面及体侧具紫黑色小斑点；体背面皮肤较光滑，具小痣粒组成的网状肤棱。

生　　境　常见于海拔 290 ~ 840 m 山间小溪附近的坡地。

生活习性　常隐蔽于杂草和落叶间。夜间发出洪亮的“嘎、嘎”鸣声。行动缓慢，不善跳跃。主要以多种昆虫及其他小动物为食。蝌蚪生活于中小型山溪的水凼或缓流中。

濒危和保护等级

IUCN 濒危物种红色名录（2022-1）：易危（VU）

中国生物多样性红色名录（2021）：易危（VU）

国家重点保护野生动物名录保护级别（2021）：无

3 乐东蟾蜍 *Ingerophrynus ledongensis*

英文名 Ledong Toad

别　名 头盔蟾蜍

分类地位 无尾目（Anura）、蟾蜍科（Bufonidae）、棱顶蟾属（*Ingerophrynus*）

形态特征 体长 47 ~ 64 mm。头宽明显大于头长；吻端平切，吻棱明显；鼻孔近吻端；鼓膜显著，呈长椭圆形；无犁骨齿；具单咽下内声囊。前臂及手长大于头体长的一半；指关节下瘤单枚；雄蟾第 1、第 2 指上具密集的黑色小婚刺；后肢较短，贴体前伸时胫跗关节达肩部；趾侧缘膜窄，趾间基部蹼迹明显，掌、跖、指、趾腹面锥状白刺疣密集。头顶皮肤光滑，紧贴于头骨；眼与耳后腺间具骨质隆起；背部散布疣粒及小刺疣，口角向后至体侧和四肢背面的白色锥状刺疣明显；整个腹面满布白刺疣。生活时头部背面深棕色，鼓上棱及耳后腺棕黄色；上唇缘具深色斑；两眼间具褐色三角形斑；体背及四肢背面浅棕色，具深棕色花斑，背部前后具 2 个较明显的“八”字形深棕色斑纹，后者较大；体侧具 1 条深酱色宽纵纹；四肢背面具棕色横纹；腹面蓝灰色。

识别要点 眼与耳后腺间具骨质隆起，两眼间骨质棱不明显；口角向后至体侧和四肢背面具明显的白色锥状刺疣。

生　境 常见于海拔 350 ~ 900 m 常绿阔叶林区。

生活习性 幼蟾白天在林间小路上爬行，蝌蚪和即将完成变态的幼体生活在静水塘中。

濒危和保护等级

IUCN 濒危物种红色名录（2022-1）：近危（NT）

中国生物多样性红色名录（2021）：濒危（EN）

国家重点保护野生动物名录保护级别（2021）：国家二级

4 黑眶蟾蜍 *Duttaphrynus melanostictus*

英 文 名 Black-spectacled Toad

别　　名 无

分类地位 无尾目（Anura）、蟾蜍科（Bufonidae）、头棱蟾属（*Duttaphrynus*）

形态特征 体长 72 ~ 112 mm。自吻至上眼睑内缘具黑色骨质棱，骨质棱主干部位自吻端沿吻棱和上眼眶至鼓膜上方与耳后腺连接；鼓膜前和眼前后具突出的黑色骨质棱。皮肤极粗糙，全身除头顶部外，满布大小不等的疣粒或瘰粒；背部多瘰粒；耳后腺大，长椭圆形。生活时背部颜色多为黄褐色或棕黄色或棕黑色；腹部及四肢腹面多为黄褐色或稍浅。

识别要点 自吻端沿吻棱和上眼眶至鼓膜上方与耳后腺连接处具突出的黑色骨质棱；鼓膜前和眼前后具突出的黑色骨质棱。

生　　境 常见于海拔 10 ~ 1 700 m 阔叶林、河边草丛及农林等地带，也见于人类活动地区。

生活习性 主要以昆虫为食，也吃蚯蚓等。暴发性繁殖。抱对时，大体型和小体型的雌性个体采取大小分类配对选择模式，而中体型雌性个体采取随机配对模式。

濒危和保护等级

IUCN 濒危物种红色名录（2022-1）：无危（LC）

中国生物多样性红色名录（2021）：无危（LC）

国家重点保护野生动物名录保护级别（2021）：无

5 鳞皮小蟾 *Parapelophryne scalpta*

英 文 名 Hainan Little Toad

别　　名 鳞皮厚蹼蟾

分类地位 无尾目（Anura）、蟾蜍科（Bufonidae）、小蟾属（*Parapelophryne*）

形态特征 体长 19 ~ 27 mm。吻盾形，前端呈棱角状，吻棱明显；鼻孔近吻端，位于吻棱下方；鼓膜明显，无犁骨齿；背正中具细浅脊线；背部前后具 2 个宽“Λ”形深色斑，色斑会合处较粗，颜色有变异；眼间具 1 个“W”形斑，或与背部第 1 个“Λ”形斑相连成“X”形斑；咽喉部至胸腹部疣粒密集似鳞状。指宽扁，末端浑圆，腹面成吸盘状，但无横沟；胫跗关节超过鼓膜，达眼部；趾端同于指端；第 1、第 2 趾间蹼发达，其余趾间蹼小，蹼以缘膜达趾端，外侧跖间无蹼；具关节下瘤和内、外跖突。

识别要点 背正中具细浅脊线；背部前后具 2 个宽“Λ”形深色斑；眼间具 1 个“W”形斑，或与背部第 1 个“Λ”形斑相连成“X”形斑。

生　　境 常见于海拔 350 ~ 1 400 m 常绿阔叶林区内潮湿的小山溪附近。常栖于林区地上落叶间，也见于灌丛上。

生活习性 白天和晚上常发出略带颤抖的鸣声。繁殖期 4 ~ 6 月。

濒危和保护等级

IUCN 濒危物种红色名录（2022–1）：易危（VU）

中国生物多样性红色名录（2021）：易危（VU）

国家重点保护野生动物名录保护级别（2021）：国家二级

6 华南雨蛙 *Hyla simplex*

英 文 名 South China Tree-toad

别　　名 华南树蟾

分类地位 无尾目（Anura）、雨蛙科（Hylidae）、雨蛙属（*Hyla*）

形态特征 体长 32 ~ 43 mm。头宽略大于头长；吻圆或宽圆而高，吻端平直向上；吻棱明显；鼻孔近吻端；鼓膜圆；上颌具齿；舌较圆厚；犁骨齿两短斜行；具单咽下外声囊。指扁；指关节下瘤明显；内、外掌突掌部小疣多；雄蛙第 1 指婚垫棕色，具雄性线；后肢贴体前伸时胫跗关节达眼后角；指、趾端具吸盘和边缘沟；指间基部具蹼迹，外侧 3 趾间具半蹼；趾关节下瘤明显；跖趾腹面具疣，小疣清晰；内跖突卵圆形，无外跖突。背面皮肤光滑；内跗褶棱状；腹面满布颗粒疣。背面蓝绿色或绿色；自吻端沿头侧经体侧至肛部无明显的黑色线纹，体侧、颈部和前、后肢均无黑色斑点。

识别要点 背面皮肤光滑，呈蓝绿色或绿色；自吻端沿头侧经体侧至肛部无明显的黑色线纹，体侧和颈部无黑色斑点。

生　　境 常见于海拔 20 ~ 1 500 m 各类水域附近的草丛间或农耕地或林木繁茂地带。

生活习性 雨后在作物、田边树上、灌丛上鸣叫，鸣声响亮。

濒危和保护等级

IUCN 濒危物种红色名录（2022-1）：无危（LC）

中国生物多样性红色名录（2021）：无危（LC）

国家重点保护野生动物名录保护级别（2021）：无

7 海南湍蛙 *Amolops hainanensis*

英文名 Larut Sucker Frog

别名 石蛙

分类地位 无尾目（Anura）、蛙科（Ranidae）、湍蛙属（*Amolops*）

形态特征 体长 68 ~ 93 mm。头长宽几乎相等；吻短而高；吻棱明显；鼻孔位于吻眼中间或略近吻端；鼓膜较小；舌呈长椭圆形；无犁骨齿。雄蛙无声囊，无婚垫，无雄性线。前肢较长；雄蛙前臂及手长超过体长的一半，雌蛙几乎达体长的一半；指关节下瘤明显，内掌突长椭圆形，无外掌突；后肢短，贴体前伸时胫跗关节达眼部或眼后；趾端扁平，均具吸盘及边缘沟；趾间全蹼。皮肤较粗糙；背部满布大小疣粒，颞部、体侧及股后的疣粒大而明显；眼后枕部两侧隆起较高；腹面皮肤较光滑；跗部腹面具厚腺体，外侧缘形成断续的肤棱。生活时背面橄榄色或黑褐色，具不规则的黑色或深橄榄色花斑，体侧具明显的不规则深色或浅色斑；上唇缘具深浅相间的纵纹；四肢背面横斑清晰，股后方具网状黑斑，指、趾端色浅，蹼为茶褐色；腹面肉红色。

识别要点 背部满布大小疣粒；背面橄榄色或黑褐色，具不规则的黑色或深橄榄色花斑；体侧具明显的不规则深色或浅色斑。趾端扁平，具吸盘；趾间全蹼。

生境 常见于海拔 80 ~ 850 m 水流湍急的溪边岩石上或瀑布直泻的岩壁上。

生活习性 成蛙晚上多栖息在溪边石上或灌木枝叶上。繁殖期 4 ~ 8 月，卵群成团贴附在瀑布内岩缝壁上。

濒危和保护等级

IUCN 濒危物种红色名录（2022-1）：濒危（EN）

中国生物多样性红色名录（2021）：濒危（EN）

国家重点保护野生动物名录保护级别（2021）：国家二级

8 小湍蛙 *Amolops torrentis*

英文名 Torrent Sucker Frog

别　名 无

分类地位 无尾目（Anura）、蛙科（Ranidae）、湍蛙属（*Amolops*）

形态特征 体长 28 ~ 41 mm。头长宽几乎相等；吻端钝圆；吻棱明显；鼻孔位于吻眼中间；鼓膜大而明显；下颌前侧无齿状骨突；无犁骨齿。前臂较粗壮；具 1 对咽下内声囊；无婚垫；无雄性线。前肢短；雄蛙前臂及手长几乎达体长的一半，雌蛙不到体长的一半；内掌突椭圆形，外掌突小而长；后肢长，贴体前伸时胫跗关节达吻端或略超过；指端扁平，指吸盘大；趾扁平，具吸盘及边缘沟，趾吸盘小于指吸盘；趾间全蹼；趾关节下瘤明显。皮肤较光滑，背部散布小疣粒，体侧疣粒略大而多；跗部腹面皮肤具厚腺体。生活时背面棕褐色，背部具不规则黑褐色花斑；上唇缘深浅相间的纵纹清晰；四肢背面深色横纹甚明显，隐约可见灰棕色小云斑。

识别要点 体型小；吻棱明显；背部散布小疣粒，体侧疣粒略大而多；胫跗关节达吻端或略超过。

生　境 常见于海拔 80 ~ 780 m 的大中型山溪内。

生活习性 成蛙白昼蹲在急流处石块上或瀑布两侧的石壁上，夜间蹲在溪边石上或灌木和杂草叶片上，白天和夜间均能够发出“叽、叽、叽”的连续鸣叫。繁殖期 5 ~ 8 月。

濒危和保护等级

IUCN 濒危物种红色名录（2022-1）：易危（VU）

中国生物多样性红色名录（2021）：无危（LC）

国家重点保护野生动物名录保护级别（2021）：无

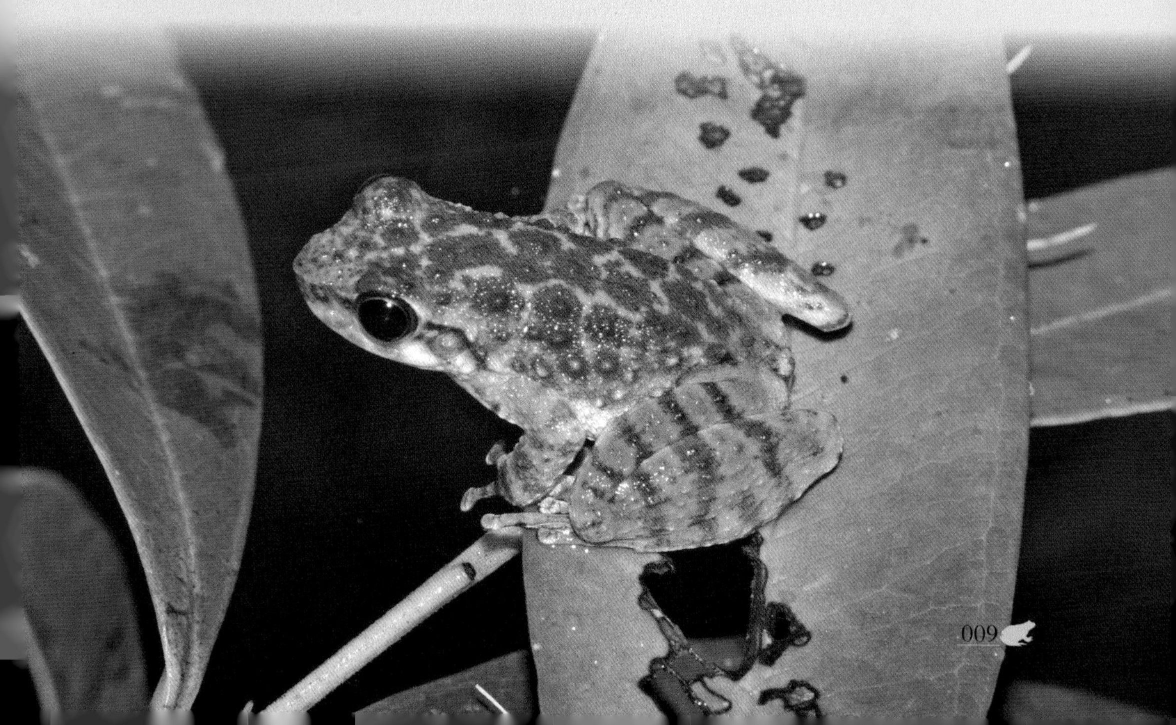

9 沼水蛙 *Hylarana guentheri*

英 文 名 Guenther's Amoy Frog

别　　名 沼蛙

分类地位 无尾目（Anura）、蛙科（Ranidae）、水蛙属（*Hylarana*）

形态特征 体长 59 ~ 84 mm。头部扁平，头长大于宽；吻长略尖，末端钝圆；吻棱明显；鼻孔近吻端；眼大，鼓膜相等，鼓膜圆而明显；舌大；具 1 对咽侧下外声囊。背侧褶平直而明显，自眼后直达胯部；前臂及手长不到体长的一半；雄性线明显；后肢较长；足与胫等长，约为体长的一半；指末端钝圆；趾端钝圆，腹侧具沟。背部皮肤光滑，体背后部具分散的小痣粒；体侧皮肤具小痣粒；肛后和股内侧痣粒密集；胫部背面具细肤棱；生活时背面为淡棕色或灰棕色；沿背侧褶下缘具黑纵纹，体侧具不规则黑斑；鼓膜后沿颌腺上方具 1 条斜行的细黑纹；鼓膜周围具淡黄色小圈；颌腺淡黄色；后肢背面具 3 ~ 4 条深色宽横纹，股后具黑白相间的云斑；体腹面淡黄色，两侧黄色稍深。

识别要点 背侧褶平直而明显，自眼后直达胯部；指末端钝圆，趾端钝圆；生活时背面为淡棕色或灰棕色，少数个体背面具黑斑。

生　　境 常见于海拔 1 100 m 以下的平原或丘陵和山区。

生活习性 成蛙多栖息于稻田、池塘或水坑内，常隐蔽在水生植物丛间、土洞或杂草丛中。主要以昆虫为食，还捕食蚯蚓、田螺以及幼蛙等。雄蛙鸣声似狗吠，全天具鸣叫行为。繁殖期通常 5 ~ 6 月。

濒危和保护等级

IUCN 濒危物种红色名录（2022-1）：无危（LC）

中国生物多样性红色名录（2021）：无危（LC）

国家重点保护野生动物名录保护级别（2021）：无

10 细刺水蛙 *Hylarana spinulosa*

英文名 Spiny Frog

别　名 细刺蛙

分类地位 无尾目（Anura）、蛙科（Ranidae）、水蛙属（*Hylarana*）

形态特征 体长 38 ~ 56 mm。头部扁平，头长略大于头宽；吻端钝圆而平宽；吻棱明显；雄蛙鼻孔约在吻眼之间，雌蛙近吻端；鼓膜大于眼径的一半；犁骨齿两短行；具 1 对咽侧下内声囊。背侧褶宽厚，自眼后角到胯部；前臂及手长近于体长的一半；指细长；第 1 指具灰白色婚垫；雄性线红色；后肢贴体前伸时胫跗关节达眼中部；胫长略超过体长的一半，足与胫长几乎相等；指端钝圆而扁平成吸盘，外侧 3 指吸盘腹侧具沟；趾端与指端相同；趾间半蹼。生活时整个背面为浅灰黄色，疣粒部位具褐黑色斑点，四肢背面褐黑色横纹明显；背侧褶色略浅，头侧及体侧色深略带蓝色；唇缘灰白色；鼓膜褐色，其前后颜色与鼓膜颜色相近似；腹面浅黄白色。

识别要点 背侧褶宽厚，自眼后角到胯部；生活时整个背面为浅灰黄色，疣粒部位具褐黑色斑点；四肢背面褐黑色横纹明显。

生　境 常见于海拔 80 ~ 650 m 的中型溪流内及其附近。

生活习性 成蛙多栖于溪边石头上或落叶间以及草丛中。蝌蚪多隐蔽在回水荡内腐叶中。全年具鸣叫行为。繁殖高峰期为 12 月末至翌年 1 月末。具群体抱对行为。

濒危和保护等级

IUCN 濒危物种红色名录（2022-1）：易危（VU）

中国生物多样性红色名录（2021）：近危（NT）

国家重点保护野生动物名录保护级别（2021）：无

11 台北纤蛙 *Hylarana taipehensis*

英文名　Taipei Frog

别　名　台北蛙、台北水蛙

分类地位　无尾目（Anura）、蛙科（Ranidae）、水蛙属（*Hylarana*）

形态特征　体长 27 ~ 41 mm。头平扁，头长明显大于头宽，吻较长而尖；吻端突出下唇颇多，吻棱清晰，鼻孔近吻端；鼓膜大而明显；无声囊；肩胸骨分叉。背侧褶细而清晰，自眼后到胯部；前肢较细弱，前臂及手长不及体长的一半；指关节下瘤明显；内、外掌突明显；婚垫乳白色或略灰色；雄性线明显；后肢细长，后肢贴体前伸时胫跗关节达鼻孔，或达眼与鼻孔之间；胫部显然比股部长，大于体长的一半；跗足长约为胫长的 1.5 倍；指末端具吸盘；趾间蹼不甚发达。皮肤较光滑；背侧褶间具散布均匀的细小白刺粒；鼓膜后方至体侧具 1 条浅色的侧褶。四肢背、腹面腺体较多，胫部外侧具 3 ~ 5 条明显的纵腺褶；跗部具 2 条跗褶；腹面皮肤光滑，灰黄色。生活时背部绿色或棕色，背侧褶金黄色；颈缘及鼓膜后方的侧褶金黄色；体侧两条侧褶间棕色。

识别要点　背侧褶间具散布均匀的细小白刺粒；鼓膜后方至体侧具 1 条浅色的侧褶；胫部外侧具 3 ~ 5 条明显的纵腺褶；生活时背部绿色或棕色，背侧褶金黄色。

生　境　常见于海拔 80 ~ 580 m 山区的稻田、水塘或溪流附近。

生活习性　常栖息在稻田附近的水沟和水塘边杂草丛中。雄蛙繁殖期发出微弱的鸣声。繁殖期 5 ~ 7 月，卵产于水塘岸边杂草间。

濒危和保护等级

IUCN 濒危物种红色名录（2022-1）：无危（LC）

中国生物多样性红色名录（2021）：近危（NT）

国家重点保护野生动物名录保护级别（2021）：无

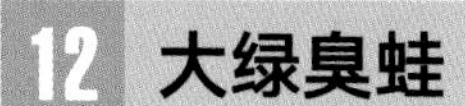

12 大绿臭蛙　*Odorrana graminea*

英 文 名　Large Odorous Frog

别　　名　大绿蛙

分类地位　无尾目（Anura）、蛙科（Ranidae）、臭蛙属（*Odorrana*）

形态特征　体长 48 ~ 91 mm。头扁平，头长大于头宽；吻端钝圆；吻棱明显；鼓膜明显；声囊孔长裂形；犁骨齿两短斜行。前臂及手长近于体长的一半；指细长；指关节下瘤明显，外侧 3 指具指基下瘤；前臂较粗壮；第 1 指具灰白色婚垫；具 1 对咽侧外声囊；无雄性线；后肢贴体前伸时胫跗关节超过吻端；足短于胫长；指端具宽的扁平吸盘，均具腹侧沟；趾吸盘与指吸盘相同而略小。皮肤光滑，背侧褶较宽；眼下方具腺褶；颌腺在鼓膜后下方；颞部具细小痣粒。腹面光滑。生活时背面鲜绿色，具深浅变异；头侧、体侧及四肢腹面浅棕色，四肢背面有深棕色横纹；趾蹼略带紫色；上唇缘腺褶及颌腺浅黄色；腹侧及股后具黄白色云斑；腹面白色。

识别要点　体背面鲜绿色，体侧及四肢腹面浅棕色；腹面光滑，白色。

生　　境　常见于海拔 450 ~ 1 200 m 森林茂密的大中型山溪及其附近。偏好溪流内大小石头甚多、环境极为阴湿、石上长有苔藓等植物的生境。

生活习性　成蛙白昼多隐匿于溪边石下或在附近的密林落叶间，夜间多蹲在溪内露出水面的石头上或溪旁岩石上。5 月下旬至 6 月为繁殖高峰期，卵群成团黏附在溪边石下。

濒危和保护等级

IUCN 濒危物种红色名录（2022-1）：数据缺乏（DD）

中国生物多样性红色名录（2021）：无危（LC）

国家重点保护野生动物名录保护级别（2021）：无

13 海南臭蛙 *Odorrana hainanensis*

英 文 名 Hainan Odorous Frog

别　　名 臭蛙

分类地位 无尾目（Anura）、蛙科（Ranidae）、臭蛙属（*Odorrana*）

形态特征 雄蛙体长 49 ~ 123 mm。吻端尖，超出下颌；鼻间距大于眼间距而小于上眼睑宽；鼓膜大而明显；雄性体较小，第 1 指基部具乳黄色婚垫，具 1 对颈侧外声囊；无雄性线。前肢较粗壮，指端均具吸盘和横沟，指吸盘大小相近；内掌突大于外掌突；后肢长，贴体前伸时胫跗关节远超过吻端；胫长超过体长的一半；趾吸盘略大于指吸盘，具横沟；趾间全蹼，蹼缘平直，外侧跖间 2/3 蹼，关节下瘤明显。背部皮肤粗糙，体侧疣粒较背部的大；两眼前缘正中具 1 个黄色疣；具颌腺。生活时体背棕褐色，体背黑色斑点不清晰；体侧具较多黑褐色点斑；腹面皮肤光滑，乳黄色，无斑点及斑纹。

识别要点 背部皮肤粗糙；体背棕褐色；后肢长；胫跗关节远超过吻端。

生　　境 常见于海拔 120 ~ 780 m 林区的山溪附近植被茂盛、潮湿的地带。

生活习性 白昼常栖息于溪流边的大石头上或岸边枯木上，成蛙在晚上到溪岸边草丛中觅食。7 ~ 10 月雌性具卵。

濒危和保护等级

IUCN 濒危物种红色名录（2022-1）：易危（VU）

中国生物多样性红色名录（2021）：易危（VU）

国家重点保护野生动物名录保护级别（2021）：无

14 鸭嘴竹叶蛙 *Odorrana nasuta*

英 文 名 Hainan Bamboo-leaf Frog

别　　名 鸭嘴臭蛙

分类地位 无尾目（Anura）、蛙科（Ranidae）、臭蛙属（*Odorrana*）

形态特征 体长 57 ~ 74 mm。头部窄长而扁平，头长大于头宽；吻长，呈盾状，吻端宽；眼大，瞳孔横椭圆形；鼓膜约为眼径的一半；犁骨齿两短列。前臂及手长不到体长的一半；雄蛙前臂较粗壮；指较长，扁平；指关节下瘤发达；后肢贴体前伸时胫跗关节达吻端或略超过；足短于胫长；指、趾端吸盘明显，第 1 至第 4 指吸盘具膜侧沟；趾间全蹼。躯体和四肢背面皮肤光滑；背侧褶平，体前部背侧褶间距宽于体后部间距；体后部、体侧及股后方均具分散的扁平小疣；体腹面皮肤光滑。生活时背面暗褐色、绿色或褐绿色；头侧、颞部红棕色；腹侧、股后浅黄色，密布褐色细斑；四肢背面具褐黑色横纹。腹面浅黄色。

识别要点 头部窄长而扁平，头长大于头宽；吻长，呈盾状，吻端宽；生活时背面暗褐色、绿色或褐绿色；头侧、颞部红棕色；腹侧、股后浅黄色。

生　　境 常见于海拔 350 ~ 850 m 植被繁茂、环境阴湿的山区溪流内或其附近。

生活习性 成蛙多栖息在溪流瀑布下大水凼两侧的岩壁上，受惊扰后即跳入水中，体色常与岩石颜色相近。5 月可见产卵。

濒危和保护等级

IUCN 濒危物种红色名录（2022-1）：无危（LC）

中国生物多样性红色名录（2021）：易危（VU）

国家重点保护野生动物名录保护级别（2021）：无

15 越南趾沟蛙 *Rana johnsi*

英文名 John' s Groove-toed Frog

别　名 越南林蛙

分类地位 无尾目（Anura）、蛙科（Ranidae）、蛙属（*Rana*）

形态特征 体长 39 ~ 49 mm。头长大于头宽；吻端钝圆而略尖，超出于下颌；吻部平扁，吻棱明显；鼻孔略近吻端，上眼睑宽大于眼间距；鼓膜明显，鼓膜处具三角形黑斑。背面皮肤光滑或散布小疣；背侧褶极细，两褶间距宽。后肢背面小痣粒排列成行，细肤褶清晰；腹面完全平滑。指端略膨大，无沟；后肢细长，胫跗关节前伸时达吻鼻之间或略超过吻端，左右跟部重叠，胫长超过体长的一半。背面及体侧面颜色变异大，多为褐色、棕色或黄褐色。

识别要点 鼓膜明显，鼓膜处具三角形黑斑；背面皮肤光滑或散布小疣；背侧褶极细，两褶间距宽。

生　境 常见于 600 ~ 1 200 m 山林植被茂盛、低山常绿阔叶林等地带。

生活习性 营陆栖生活。成蛙在大雨或暴雨之后，集群于溪流水凼或缓流处岸边及其附近草丛、灌木丛中活动。繁殖期 8 月下旬至 9 月中旬。卵产在水凼边的杂草或树干上，呈团状。

濒危和保护等级

IUCN 濒危物种红色名录（2022-1）：无危（LC）

中国生物多样性红色名录（2021）：无危（LC）

国家重点保护野生动物名录保护级别（2021）：无

16 虎纹蛙 *Hoplobatrachus chinensis*

英文名 Taiwanese Frog

别　名 无

分类地位 无尾目（Anura）、叉舌蛙科（Dicroglossidae）、虎纹蛙属（*Hoplobatrachus*）

形态特征 体长 66 ~ 121 mm。头长大于头宽；吻端钝尖；吻棱钝；鼻孔略近于吻端或位于吻眼之间；颊部向外倾斜；鼻间距大于眼间距；鼓膜明显；犁骨齿极强；具 1 对咽侧外声囊；无背侧褶。前肢短；指短；内掌突略显；雄性第 1 指上灰色婚垫发达；后肢较短，贴体前伸时胫跗关节达眼至肩部；胫长小于体长的一半；指、趾末端钝尖，无沟；指间无蹼，趾间全蹼。体背面粗糙，背部具长短不一、多断续排列成纵行的肤棱；胫部纵行肤棱明显；头侧、手、足背面和体腹面光滑。背面多为黄绿色或灰棕色，散布不规则的深绿褐色斑纹；四肢横纹明显；体和四肢腹面肉色，咽、胸部具棕色斑，胸后和腹部略带浅蓝色。

识别要点 体背面粗糙，背部具长短不一、多断续排列成纵行的肤棱；胫部纵行肤棱明显；背面多为黄绿色或灰棕色。

生　境 常见于海拔 20 ~ 1 120 m 的山区、平原、丘陵地带的稻田、鱼塘、水坑和沟渠附近。

生活习性 夜间活动；性机警，善跳跃。成蛙主要以各种昆虫为食，也捕食蝌蚪、小蛙及小鱼等。雄蛙鸣声如犬吠。静水繁殖，繁殖期为 3 月下旬至 8 月中旬，5 ~ 6 月为产卵高峰期。

濒危和保护等级

IUCN 濒危物种红色名录（2022-1）：无危（LC）

中国生物多样性红色名录（2021）：濒危（EN）

国家重点保护野生动物名录保护级别（2021）：国家二级

17 泽陆蛙 *Fejervarya multistriata*

英文名 Paddy Frog

别　名 泽蛙

分类地位 无尾目（Anura）、叉舌蛙科（Dicroglossidae）、陆蛙属（*Fejervarya*）

形态特征 体长 38 ~ 49 mm。头长略大于头宽；吻端钝尖；鼓膜圆形；舌宽厚；犁骨齿两团；具单咽下外声囊；无背侧褶；雄性第 1 指婚垫发达；具雄性线。前肢短；前臂及手长远短于体长的一半；指关节下瘤明显；内、外掌突 3 个；后肢较粗短，贴体前伸时胫跗关节达肩部或眼部后方；胫长小于体长的一半；指、趾末端钝尖无沟；趾间近半蹼。背部皮肤粗糙，体背面具数行长短不一的纵肤褶，褶间、体侧及后肢背面具小疣粒；体腹面皮肤光滑；背面颜色变异大，多为灰橄榄色或深灰色，杂以棕黑色斑纹，有的头体中部具 1 条浅色脊线；上下唇缘具 6 ~ 8 条棕黑色纵纹，四肢背面各节具 2 ~ 4 条棕色横斑，体和四肢腹面为乳白色或乳黄色。

识别要点 上下唇缘具 6 ~ 8 条棕黑色纵纹；具单咽下外声囊；体和四肢腹面为乳白色或乳黄色。

生　境 常见于平原、丘陵和海拔 2 000 m 以下山区的稻田、沼泽、水塘、水沟等静水域或其附近的旱地草丛。

生活习性 昼夜活动，主要在夜间觅食。繁殖期为 4 月中旬至 5 月中旬、8 月上旬至 9 月；常雨后集群繁殖。雌蛙产卵于静水中，年产卵多次。

濒危和保护等级

IUCN 濒危物种红色名录（2022-1）：数据缺乏（DD）

中国生物多样性红色名录（2021）：无危（LC）

国家重点保护野生动物名录保护级别（2021）：无

18 脆皮大头蛙 *Limnonectes fragilis*

英 文 名 Fragile Wart Frog

别　　名 脆皮蛙、大头蛙

分类地位 无尾目（Anura）、叉舌蛙科（Dicroglossidae）、大头蛙属（*Limnonectes*）

形态特征 体长 36 ~ 69 mm。头长大于或等于头宽；枕部隆起；雄蛙头部较大；吻端钝圆，略超出于下唇；吻棱不显；下颌前端具 1 对齿状骨突；无背侧褶；无婚垫；背侧具雄性线。前肢特别粗壮；后肢较粗短，贴体前伸时胫跗关节达眼后角；胫长不到体长的一半；指、趾末端球状而无横沟；趾间全蹼；趾关节下瘤较大。皮肤较光滑，极易破裂；自眼后至背侧各具一断续成行的窄长疣；体背面多为棕红色；上、下唇缘具黑斑；背中部具 1 个“W”形黑斑，有的个体具 1 条浅色脊线；四肢背面具 3 ~ 4 条黑色横斑；腹面浅黄色，有的个体咽喉部及后肢腹面具棕色小点。

识别要点 皮肤较光滑；自眼后至背侧各具一断续成行的窄长疣；体背面多为棕红色；上、下唇缘具黑斑。

生　　境 常见于海拔 290 ~ 900 m 山区平缓水浅的溪流内。

生活习性 成蛙白天多在浅水溪流石间或石下活动，行动甚为敏捷，跳跃力强，稍受惊扰立即用后肢翻起浪花，随后潜入石下或石间。

濒危和保护等级

IUCN 濒危物种红色名录（2022-1）：易危（VU）

中国生物多样性红色名录（2021）：濒危（EN）

国家重点保护野生动物名录保护级别（2021）：国家二级

19 尖舌浮蛙 *Occidozyga lima*

英 文 名 Lurid Houlema

别　　名 无

分类地位 无尾目（Anura）、叉舌蛙科（Dicroglossidae）、浮蛙属（*Occidozyga*）

形态特征 体长 20 ~ 35 mm。头小，长宽几乎相等；吻短而略尖；无吻棱；鼻孔突出位于吻背面；鼻间距小于眼间距，并小于上眼睑宽；鼓膜轮廓清晰；下颌前方具 1 个齿状突；舌窄长，后端尖薄；无犁骨齿；具单咽下内声囊；雄蛙第 1 指具乳白色婚垫；体背侧具雄性线。前肢粗短；指关节下瘤明显；外掌突较小；后肢较短，贴体前伸时胫跗关节达眼与前肢基部之间；指、趾末端细尖；指侧具缘膜；指基部具蹼；趾间满蹼。背腹面皮肤粗糙，满布大小刺疣，枕部具横沟；跗褶与内跖突相连；胫跗关节后侧具 1 个明显的跗瘤。体背面多为绿灰色或绿棕色；四肢具黑色花斑或点斑；沿大腿后方具棕色纵纹；腹面淡黄色或白色，咽喉部黄褐色。

识别要点 舌窄长，后端尖薄；指关节下瘤明显；指基部具蹼；趾间满蹼；背腹面皮肤粗糙，满布大小刺疣。

生　　境 常见于海拔 10 ~ 650 m 的池塘及较大的水坑内或稻田中。

生活习性 成蛙常伏于水草上或漂浮于水面鸣叫，发出“嘎、嘎、嘎”的鸣声，昼夜均可听见其鸣声。

濒危和保护等级

IUCN 濒危物种红色名录（2022-1）：无危（LC）

中国生物多样性红色名录（2021）：易危（VU）

国家重点保护野生动物名录保护级别（2021）：无

20 圆舌浮蛙 *Occidozyga martensii*

英 文 名 Marten's Oriental Frog

别　　名 圆蟾舌蛙

分类地位 无尾目（Anura）、叉舌蛙科（Dicroglossidae）、浮蛙属（*Occidozyga*）

形态特征 体长 19 ~ 28 mm。头小，头长宽几乎相等；吻端钝圆；鼻孔近吻端；鼓膜轮廓较清晰；下颌前方无齿状突；舌窄长而后端圆；无犁骨齿；具单咽下内声囊；雄蛙第 1 指具乳白色婚垫；腹侧具粉红色雄性线。前肢粗壮；指短；后肢粗短，贴体前伸时胫跗关节达肩部或肩前方；胫长不到体长的一半；指、趾末端圆；指侧无缘膜；第 1、第 2 指间具蹼迹。背面皮肤较粗糙，头、体及四肢满布排列成行的圆疣；两眼后方具 1 条横肤沟，体腹面较光滑。体色变异较大，背面多为浅棕色、棕红色或灰棕色，散布深色斑点，有的个体背正中具 1 条镶浅色边的深棕色宽脊纹；腹面白色，雄性咽喉部呈浅棕色，雌蛙不明显；股后无黑色线纹。

识别要点 头小；前肢粗壮；指短；背面皮肤较粗糙，头、体及四肢满布排列成行的圆疣；两眼后方具 1 条横肤沟，体腹面较光滑。

生　　境 常见于海拔 10 ~ 1 000 m 长满杂草的稻田边、路边、山间洼地等小水塘、临时水坑或其附近。

生活习性 成蛙常隐蔽在茂密的草丛中，黄昏时发出“唧、唧、唧”的鸣声。广告鸣声的主频和基频均与体重和体长呈显著负相关。蝌蚪底栖。

濒危和保护等级

IUCN 濒危物种红色名录（2022-1）：无危（LC）

中国生物多样性红色名录（2021）：近危（NT）

国家重点保护野生动物名录保护级别（2021）：无

21 海南溪树蛙 *Buergeria oxycephala*

英 文 名 Red-headed Flying Frog

别　　名 无

分类地位 无尾目（Anura）、树蛙科（Rhacophoridae）、溪树蛙属（*Buergeria*）

形态特征 体长 34 ~ 68 mm。头长略大于头宽；吻端尖；吻棱明显；鼻孔略近于吻端；鼓膜明显；舌较大，略呈梨形；犁骨齿列细长；具单咽下内声囊；第 1、第 2 指上具白色婚垫；体背侧具雄性线；前肢较细长；前臂及手长约为体长的一半；指关节下瘤较发达，具指基下瘤；后肢细长，贴体前伸时胫跗关节超过吻端；胫长大于体长的一半，足短于胫；指端均具吸盘及马蹄形边缘沟，指间具微蹼，外侧指间蹼较明显，趾间全蹼。背面光滑或具小疣；颞褶明显；腹面满布扁平疣，咽喉部较光滑。在强日光下体背面呈灰色，在阴暗潮湿环境中体色为深棕色，其上具黑色花斑；眼间具三角形黑色横纹；四肢横纹宽；腹面白色。

识别要点 眼间具三角形黑色横纹；前肢较细长；胫跗关节超过吻端；背面光滑或具小疣。

生　　境 常见于海拔 80 ~ 500 m 的大中型溪流内或其岸边附近。

生活习性 白昼成蛙在强日光下常匍匐于溪内大石头上，受惊后立即跳入溪流中，夜晚多蹲在溪内或岸边石上。卵产在溪边静水塘或石凹积水坑内。

濒危和保护等级

IUCN 濒危物种红色名录（2022-1）：易危（VU）

中国生物多样性红色名录（2021）：近危（NT）

国家重点保护野生动物名录保护级别（2021）：无

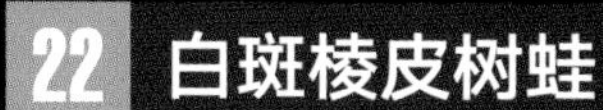

22 白斑棱皮树蛙　*Theloderma albopunctatum*

英 文 名　Dotted Bubble-nest Frog

别　　名　鸟屎蛙、白斑小树蛙、白斑水树蛙

分类地位　无尾目（Anura）、树蛙科（Rhacophoridae）、棱皮树蛙属（*Theloderma*）

形态特征　体长约 33 mm。头顶平坦，头长略大于头宽；吻端高；吻长与眼径几乎等长；吻棱不明显；鼻孔近吻端；鼻间距小于眼间距。鼓膜清晰；无犁骨齿；具 1 对咽侧下内声囊。四肢较短而粗壮；前臂及手长不到体长的一半；指关节下瘤小而明显，具指基下瘤；雄蛙第 1 指具浅色婚垫；后肢较前肢粗壮，后肢贴体前伸时胫跗关节达眼中部；胫长几乎为体长的一半；指端具吸盘；趾端与指端同，仅吸盘较小；外侧 3 指基部微显蹼迹；趾关节下瘤小而明显。背面皮肤较光滑，头体及四肢背面具痣粒，头侧及体侧光滑；腹面胸、腹及股部满布扁平疣。背面斑纹较明显，身体背面具 3 块污白斑，前者位于吻部，中间斑块呈“n”形，后者位于肛部上方，3 块白斑之间介于褐黄色；股部近端及胫跗关节处也具污白斑；污白斑上略掺杂一些褐色或蓝灰色；四肢褐黄色，具黑色横纹，其间具较细白线纹；腹面深橄榄色；下唇缘中部、腹中线、腋侧及胯侧具细白纹。

识别要点　身体背面具 3 块污白斑，前者位于吻部，中间斑块呈“n”形，后者位于肛部上方；四肢褐黄色，具黑色横纹，其间具较细白线纹；腹面深橄榄色。

生　　境　常栖息于中高海拔植被茂密、郁闭度高、湿度大的原始林或次生林。

生活习性　繁殖期为 5 月前后。通常在树洞内产卵。

濒危和保护等级

IUCN 濒危物种红色名录（2022-1）：数据缺乏（DD）

中国生物多样性红色名录（2021）：近危（NT）

国家重点保护野生动物名录保护级别（2021）：无

23 北部湾棱皮树蛙 *Theloderma corticale*

英文名 Kwangsi Warty Treefrog

别　名 广西棱皮树蛙

分类地位 无尾目（Anura）、树蛙科（Rhacophoridae）、棱皮树蛙属（*Theloderma*）

形态特征 雄蛙体长 60 mm 左右。头长大于头宽；吻圆；鼻孔近吻端；鼓膜明显；犁骨齿两短列；无声囊；雄蛙第 1 指具乳白色婚垫；背侧具雄性线。前肢长；前臂及手长大于体长的一半；后肢细长，贴体前伸时胫跗关节达眼前角；胫长略超过体长的一半；指宽扁，指端吸盘大。全身背面满布显著隆起的大小疣粒，疣粒上具成簇的小痣粒；鼓膜上具小疣粒；前臂外侧及跗部外侧至指、趾，具向外突出成锯齿状的疣突；腹面咽喉部及前胸、前肢腹面疣粒较隆起，胸、腹部及股腹面具扁平疣。生活时背面鲜绿色或暗绿色，具不规则的深橘红色或紫红色斑点；头侧和体侧浅绿色，腋部无白斑；四肢背面具橘红色与绿色相间的横纹，股、胫部各具 3 条；肛部后端及四肢远端外侧锯齿状疣突为乳黄色；指、趾吸盘和趾间蹼浅绿色。整个腹面为浅绿色与紫褐色相间的细云斑。

识别要点 全身背面满布显著隆起的大小疣粒；生活时背面鲜绿色或暗绿色，整个腹面具浅绿色与紫褐色相间的细云斑。

生　境 生活于海拔 1 350 m 林木繁茂、阴暗潮湿的山区环境中。偏好树洞及季节性水塘。

生活习性 白天隐匿在有积水的落叶层下。静水繁殖。

濒危和保护等级

IUCN 濒危物种红色名录（2022–1）：数据缺乏（DD）

中国生物多样性红色名录（2021）：近危（NT）

国家重点保护野生动物名录保护级别（2021）：无

24 背条螳臂树蛙 *Chiromantis doriae*

英文名 Doria's Asian Treefrog

别 名 背条跳树蛙

分类地位 无尾目（Anura）、树蛙科（Rhacophoridae）、螳臂树蛙属（*Chiromantis*）

形态特征 体长 25 ~ 34 mm，体型较小。头长略大于头宽；吻端钝尖；吻棱明显；鼻孔近吻端，位于吻棱下方；眼间距略大于鼻间距；鼓膜略大于第 3 指吸盘，距眼较近；舌大，呈椭圆形；无犁骨齿；具单咽下外声囊；雄蛙第 1 指上具小婚垫；雄性线红色，甚明显。前肢较细；前臂及手长不到体长的一半；指宽扁，第 3、第 4 指甚宽扁，两指间相距近；指关节下瘤大，具指基下瘤；内掌突略显，椭圆形；后肢细长，贴体前伸时胫跗关节达眼部；胫长略大于或等于体长的一半；指端具吸盘及边缘沟，吸盘背面无"Y"形骨迹；第 1、第 2 趾间具微蹼；趾关节下瘤小而明显。背面和咽喉部皮肤光滑，腹部及股部腹面满布扁平疣；腋胸部多具横肤褶。背面颜色有深浅变异，多为浅黄色或棕黄色，其上具 5 条棕色或棕黑色纵纹；四肢背面浅紫色，其上具不规则黑色横纹或不明显。咽喉部及股基部腹面黄白色，仅下唇缘具深色细点，四肢腹面肉红色。

识别要点 背面颜色多为浅黄色或棕黄色，其上具 5 条棕色或棕黑色纵纹；四肢背面浅紫色。

生 境 常见于海拔 80 ~ 1 650 m 山区的稻田、水坑或水沟边灌木和杂草丛中以及芭蕉叶下。

生活习性 卵多产在近水边的灌木叶片及杂草叶片上。每年可产卵 2 次以上。

濒危和保护等级

IUCN 濒危物种红色名录（2022-1）：无危（LC）

中国生物多样性红色名录（2021）：无危（LC）

国家重点保护野生动物名录保护级别（2021）：无

25 侧条费树蛙 *Feihyla vittata*

英 文 名 Striped Asian Treefrog

别　　名 侧条跳树蛙

分类地位 无尾目（Anura）、树蛙科（Rhacophoridae）、费树蛙属（*Feihyla*）

形态特征 体长 23 ~ 27 mm。头长几乎等于头宽；吻较短；吻棱钝圆；鼻孔略近于吻端；眼间距几乎等于眼径，而大于鼻间距，上眼睑宽略超过眼径的一半；鼓膜近圆形，紧接于眼后；颞褶略显而斜直；舌大，呈梨形，后端缺刻深；无犁骨齿；具 1 对咽侧下内声囊；雄蛙第 1 指上具白色婚垫；具雄性线。前臂及手长不到体长的一半；指关节下瘤明显；掌部具小疣，掌突 3 个，略明显或不明显；后肢细长，贴体前伸时胫跗关节达眼；胫长略小于体长的一半而长于足；指、趾端均具吸盘及边缘沟，吸盘背面无“Y”形骨迹；趾端与指端同而吸盘略小；指间基部略具蹼迹；趾间蹼较发达，约为半蹼。皮肤光滑，具小痣粒；咽喉部平滑，胸部无横肤褶，腹部及股部腹面满布扁平圆疣；背面为灰黄色或浅黄色，满布均匀的灰褐色星状小点；自吻端或眼后至胯部具 1 条浅黄色纵纹，纵纹上下方为深棕色；颌缘及体侧亮黄色或灰棕色；腹面乳黄色或白色。

识别要点 体小；背面为灰黄色或浅黄色，满布均匀的灰褐色星状小点；自吻端或眼后至胯部具 1 条浅黄色纵纹。

生　　境 常见于海拔 1 500 m 以下山区水塘或稻田附近的灌木、芦苇、香蕉叶或杂草上。

生活习性 繁殖期 5 ~ 8 月，通常雨后抱对产卵。

濒危和保护等级

IUCN 濒危物种红色名录（2022–1）：无危（LC）

中国生物多样性红色名录（2021）：无危（LC）

国家重点保护野生动物名录保护级别（2021）：无

26 锯腿原指树蛙　*Kurixalus odontotarsus*

英文名　Serrate-legged Small Treefrog

别　名　锯腿小树蛙

分类地位　无尾目（Anura）、树蛙科（Rhacophoridae）、原指树蛙属（*Kurixalus*）

形态特征　体长 28 ~ 43 mm。头长几乎等于头宽；吻略尖；吻棱明显；鼻孔近吻端。鼓膜为眼径的 1/2 ~ 2/3；具单咽下内声囊；雄蛙第 1 指具乳白色婚垫；具雄性线。前肢长，前臂及手长约为体长的一半；指关节下瘤大；后肢细长，贴体前伸时胫跗关节达眼或鼻眼之间；指、趾端均具吸盘及边缘沟；指基部微具蹼；趾蹼明显。皮肤粗糙，头、体及四肢背面具小疣粒；前臂及跗、跖部至第 5 趾外侧具锯齿状肤突；胫跗关节具肤突；肛孔下方具锥形疣。整个腹面密布扁平圆疣，背面浅褐色或绿褐色等，两眼间具 1 条深色横纹，背部具不规则深色斑；体侧灰绿色具黑褐色斑点；四肢背面有黑褐色横纹，股前后呈橘红色；腹面灰红色或灰白色，具深灰色或紫黑色斑。

识别要点　皮肤粗糙，头、体及四肢背面具小疣粒；前臂及跗、跖部至第 5 趾外侧具锯齿状肤突。背面浅褐色或绿褐色。

生　境　常见于海拔 250 ~ 1 500 m 的灌木林地带。

生活习性　晚上栖息在灌木枝叶上或藤本植物以及杂草上。繁殖期 2 ~ 10 月。

濒危和保护等级

IUCN 濒危物种红色名录（2022–1）：无危（LC）

中国生物多样性红色名录（2021）：无危（LC）

国家重点保护野生动物名录保护级别（2021）：无

27 海南刘树蛙 *Liuixalus hainanus*

英文名 Hainan Small Treefrog

别　名 海南小树蛙

分类地位 无尾目（Anura）、树蛙科（Rhacophoridae）、刘树蛙属（*Liuixalus*）

形态特征 体长 19 mm 左右。头长略大于头宽；吻端钝圆；吻棱明显；鼻孔位于吻眼间；鼻间距小于眼间距；瞳孔横椭圆形；鼓膜圆而明显；无犁骨齿；具 1 对咽侧下内声囊。前臂及手长不及体长的一半；指关节下瘤明显；雄蛙第 1 指具浅色婚垫。后肢细长，贴体前伸时胫跗关节超过吻端；胫长大于体长的一半，足长短于胫长；指端具吸盘及边缘沟；趾端与指端同，吸盘相对较小；指间无蹼。背面皮肤较粗糙，散布大小不等的疣粒，上眼睑疣粒多；咽喉部和胸部皮肤光滑，腹部皮肤密布扁平疣粒；四肢皮肤光滑。生活时体和四肢背面为棕褐色，其上具不规则的黑褐色斑块或“X”形斑，背中部具 1 个明显的浅棕色椭圆形斑，此斑块后部或多或少地被 1 个三角形的黑褐色斑块切入；上、下颌缘黄白色，每侧具黑褐色纵纹 6 ~ 7 个；身体和四肢腹面白色微显黄色，有少数分散的褐色小斑点，股、胫及足的背面各具 3 ~ 4 条黑褐色横纹。

识别要点 后肢细长，贴体前伸时胫跗关节超过吻端；生活时体和四肢背面为棕褐色，其上具不规则的黑褐色斑块或“X”形斑，背中部具 1 个明显的浅棕色椭圆形斑。

生　境 常见于海拔 700 ~ 900 m 的山区，栖息于溪流边的灌丛和竹林内。

生活习性 夜间雄蛙常躲在临近水坑边的草丛里或落叶下鸣叫。暴发性繁殖。卵群呈不规则链珠状，附着于草茎上。

濒危和保护等级

IUCN 濒危物种红色名录（2022-1）：易危（VU）

中国生物多样性红色名录（2021）：数据缺乏（DD）

国家重点保护野生动物名录保护级别（2021）：无

28 眼斑刘树蛙 *Liuixalus ocellatus*

英 文 名　Ocellated Bubble-nest Frog

别　　名　眼斑小树蛙

分类地位　无尾目（Anura）、树蛙科（Rhacophoridae）、刘树蛙属（*Liuixalus*）

形态特征　体长 17 mm 左右。头长略大于头宽，头顶较平；吻较高，吻端较尖，突出于下唇；鼻孔略近于吻端，位于吻棱下方；鼻孔至眼具一凹陷；眼间距略大于或等于鼻间距，略小于眼径；鼓膜清晰，远较第 3 指吸盘大；舌较大，长梨形；无犁骨齿；具单咽下内声囊；雄蛙第 1 指有浅色婚垫；无雄性线。前肢较细短；前臂及手长不到体长的一半；指关节下瘤大，具指基下瘤；具内、外掌突；后肢细长，贴体前伸时胫跗关节达眼前角；胫长超过体长的一半；第 1 指吸盘小，其余较大；趾端与指端同，而吸盘略小；指间无蹼；趾间蹼不发达，外侧跖间无蹼。背面皮肤较光滑，或多或少散布疣粒，有的上眼睑或体侧疣粒较明显；眼后枕部具 1 对黑色小圆疣，有的个体肩后方也具 1 对黑色疣粒；腹面满布扁平疣，咽喉疣较少；背面颜色变异颇大，多为棕黄色、棕褐色或棕黑色，具黑色斑纹，有的个体疣粒为棕红色；两眼间具 1 个深色“▽”形或“V”形斑；眼后枕部具 1 对小黑圆斑，有的个体肩后方具 1 对黑斑；四肢具 1 ~ 3 条横纹。腹面浅紫色，具褐色细点，腹中部浅绿色。

识别要点　胫跗关节达眼前角；眼后枕部具 1 对黑色小圆疣。

生　　境　常见于海拔 400 ~ 920 m 山区的竹林间及其附近的落叶上。

生活习性　雄性个体喜欢匍匐在竹筒里或竹筒附近的低矮枝叶上，发出尖而短、带颤音的鸣叫。常在枯死的竹筒内壁上产卵，卵群成块状。

濒危和保护等级

IUCN 濒危物种红色名录（2022-1）：易危（VU）

中国生物多样性红色名录（2021）：近危（NT）

国家重点保护野生动物名录保护级别（2021）：无

29 斑腿泛树蛙 *Polypedates megacephalus*

英 文 名 Hong Kong Whipping Frog

别　　名 无

分类地位 无尾目（Anura）、树蛙科（Rhacophoridae）、泛树蛙属（*Polypedates*）

形态特征 体长 50 ~ 60 mm。头长大于头宽或相等；吻长；吻棱明显；鼻孔近吻端；鼓膜明显；犁骨齿强；具内声囊。前肢细长，前臂及手长超过体长的一半；指关节下瘤较发达；雄蛙第 1、第 2 指有乳白色婚垫；具雄性线；后肢细长，贴体前伸时胫跗关节前伸过眼而不达吻端；胫长约为体长的一半，足短于胫；指端均具吸盘，其腹面具马蹄形边缘沟，第 1 指吸盘小；趾吸盘略小于指吸盘，指、趾吸盘背面可见到“Y”形迹；指间无蹼；趾关节下瘤较发达，一般外侧 2 趾的趾基下瘤明显。背面皮肤光滑，具细小痣粒；体腹面具扁平疣，腹部的疣大而密。背面颜色多为浅棕色、褐绿色或黄棕色，一般具深色“X”形斑或呈纵条纹；腹面乳白色或乳黄色，咽喉部具褐色斑点；股后具网状纹；体侧不具大的黑褐色点斑或纵纹。

识别要点 体背具“X”形斑；股后具网状纹；体侧不具大的黑褐色点斑或纵纹；胫跗关节前伸过眼而不达吻端。

生　　境 常见于海拔 80 ~ 1 600 m 的丘陵和山区，栖息在稻田、草丛地带。

生活习性 行动较缓，跳跃力不强。发出“啪、啪”的鸣声。繁殖期 4 ~ 9 月。

濒危和保护等级

IUCN 濒危物种红色名录（2022-1）：无危（LC）

中国生物多样性红色名录（2021）：无危（LC）

国家重点保护野生动物名录保护级别（2021）：无

30 无声囊泛树蛙 *Polypedates mutus*

英 文 名 Burmese Whipping Frog

别　　名 无

分类地位 无尾目（Anura）、树蛙科（Rhacophoridae）、泛树蛙属（*Polypedates*）

形态特征 体长 69 ~ 84 mm。头长大于头宽；吻端较尖；吻棱平置达鼻孔；眼颇大；鼓膜大；犁骨齿列平置；无声囊；前肢细长，前臂及手长约为体长的一半；指关节下瘤小而明显，指基下瘤明显；第 1、第 2 指背面基部具白色婚垫；具雄性线；后肢细长，贴体前伸时胫跗关节达吻端或鼻孔；指端具大的吸盘，其腹面边缘具马蹄形沟，第 1 指吸盘较小；趾端与指端同，但吸盘略小，指、趾吸盘背面可见到“Y”形迹；趾间具蹼；趾关节下瘤较发达。皮肤较光滑，头顶部皮肤与头骨相连；背面满布痣粒；胸腹部、体侧及股下方密布扁平圆疣。体背面棕色或棕灰色；颞褶黑褐色，色斑经鼓膜上缘向后平伸，与体侧大的黑褐色点斑缀成连续状；体侧具大的黑褐色点斑或纵纹，不具网状纹；四肢横纹清晰，股后方具网状斑纹；腹面白色，咽喉部和后肢腹面具棕色小点，少数个体腹面具小斑点。

识别要点 后肢贴体前伸时胫跗关节达吻端或鼻孔；颞褶黑褐色，色斑经鼓膜上缘向后平伸，与体侧大的黑褐色点斑缀成连续状；体侧具大的黑褐色点斑或纵纹，不具网状纹。

生　　境 常见于海拔 340 ~ 1 100 m 的丘陵、山区，多栖息于水塘边、稻田埂边的草丛。

生活习性 繁殖期 4 ~ 9 月。

濒危和保护等级

IUCN 濒危物种红色名录（2022-1）：无危（LC）

中国生物多样性红色名录（2021）：无危（LC）

国家重点保护野生动物名录保护级别（2021）：无

31 红蹼树蛙 *Rhacophorus rhodopus*

英 文 名 Red-webbed Treefrog

别　　名 无

分类地位 无尾目（Anura）、树蛙科（Rhacophoridae）、树蛙属（*Rhacophorus*）

形态特征 体长 30 ~ 52 mm。头长宽几乎相等；吻端斜尖；吻棱明显；鼻孔略近吻端；鼻间距小于眼间距；鼓膜明显；雄蛙具单咽下内声囊。前肢较粗壮，前臂及手长约为体长的一半；指关节下瘤明显；第 1 指具白色婚垫；具粉红色雄性线；后肢细长，贴体前伸时胫跗关节达眼前角或眼；左、右跟部重叠；胫扁平，长约为体长的一半；指端均具吸盘及马蹄形边缘沟，指间蹼发达；趾间全蹼。背面光滑；前臂至第 4 趾和跗部至第 5 趾外侧具肤褶；胫跗关节处具横肤褶；肛孔上方具方形肤褶。咽喉部平滑；胸、腹及股腹面满布小圆疣。体色变异大，背面多为红棕色、棕黄色等，其上有深色斑纹或“X”形斑或微小黑点，体侧亮黄色，腋部具黑色圆斑或小斑点或无；四肢背面具深色横纹；指间蹼多为橘黄色；趾间蹼猩红色；胸部及前肢腹面浅黄色，腹后端及后肢腹面肉红色。

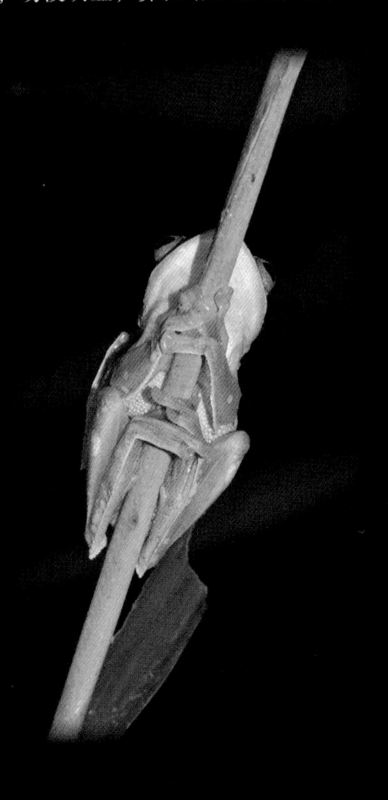

识别要点 背面多为红棕色、棕黄色；体侧亮黄色，腋部具黑色圆斑或小斑点或无；四肢背面具深色横纹；指间蹼多为橘黄色；趾间蹼猩红色；胸部及前肢腹面浅黄色，腹后端及后肢腹面肉红色。

生　　境 常见于海拔 80 ~ 1 200 m 热带森林地区的阴湿林缘或林间的沼泽地、水坑、水沟附近。

生活习性 白天多隐蔽于草丛下。主要以脉翅目、鞘翅目等小昆虫为食。5 ~ 8 月发出“吱、吱、吱”的鸣声。每天 19:00 开始鸣叫，22:00 为高峰期，凌晨 3:00 左右鸣叫结束。

濒危和保护等级

IUCN 濒危物种红色名录（2022-1）：无危（LC）

中国生物多样性红色名录（2021）：无危（LC）

国家重点保护野生动物名录保护级别（2021）：无

32 大树蛙 *Zhangixalus dennysi*

英文名　Large Treeforg

别　名　大泛树蛙

分类地位　无尾目（Anura）、树蛙科（Rhacophoridae）、张树蛙属（*Zhangixalus*）

形态特征　体长 68 ~ 109 mm。雄蛙头长几乎等于头宽，雌蛙头长小于头宽；吻端斜尖；鼻孔近吻端；鼓膜大而圆；舌宽大；犁骨齿强壮；具单咽下内声囊。前肢粗壮，前臂及手长略大于体长的一半；指关节下瘤发达；雄蛙第 1、第 2 指具浅灰色婚垫；后肢较长，贴体前伸时胫跗关节达眼部或超过眼部；指、趾端均具吸盘和边缘沟，吸盘背面可见“Y”形迹；趾关节下瘤发达。背面皮肤较粗糙，具小刺粒；腹部和后肢股部密布较大扁平疣；股后无网状斑。体色和斑纹有变异，多数个体背面绿色，体背部具镶浅色线纹的棕黄色或紫色斑点；沿体侧一般具成行的白色大斑点或白纵纹，下颌及咽喉部为紫罗兰色；腹面其余部位为灰白色。

识别要点　体背面绿色，散布少量不规则的棕黄色或紫色斑点，并常具小刺粒；沿体侧一般具成行的白色大斑点或白纵纹；股后无网状斑。

生　境　常见于海拔 80 ~ 800 m 山区的树林里或附近的田边、灌木及草丛地带。

生活习性　主要以金龟子、蟋蟀等昆虫为食。傍晚后，雄蛙发出“咕噜！咕噜！”或“咕嘟咕”的连续鸣声。每天 18:30 开始鸣叫，次日 6:30 结束。繁殖期 2 月底至 5 月初。

濒危和保护等级

IUCN 濒危物种红色名录（2022-1）：无危（LC）

中国生物多样性红色名录（2021）：无危（LC）

国家重点保护野生动物名录保护级别（2021）：无

33 花狭口蛙海南亚种 *Kaloula pulchra hainana*

英文名 Hainan Digging Frog

别　名 无

分类地位 无尾目（Anura）、姬蛙科（Microhylidae）、狭口蛙属（*Kaloula*）

形态特征 体长 60 ~ 77 mm。体呈三角形。头小，头宽大于头长；吻短，吻端圆；鼓膜不明显；无犁骨齿；枕部肤沟明显。雄蛙具单咽下外声囊；胸、腹部具厚腺体；雄性线明显。前臂及手长不及体长的一半，关节下瘤发达；后肢短而粗壮，贴体前伸时胫跗关节仅达肩后，胫长约为体长的 1/3，趾末端略尖出，趾间仅具蹼迹；关节下瘤发达。皮肤厚，较光滑；背面具 1 条镶深色边的棕黄色宽带纹，从两眼间开始，绕过眼睑，折向体侧延伸至胯部，略呈“八”字形；在“八”字形宽带内为深棕色大三角斑，其上多具浅色斑点；宽带外侧具 1 条从眼后斜伸至腹侧的深棕色宽纹；四肢背面无横纹，密布深棕色斑点；咽喉部蓝紫色；胸腹部及四肢腹面具浅紫色云斑。

识别要点 体呈三角形；头小，头宽大于头长；背面具 1 条镶深色边的棕黄色宽带纹，从两眼间开始，绕过眼睑，折向体侧延伸至胯部，略呈“八”字形。

生　境 常见于海拔 150 m 以下的石洞、土穴中或树洞里。

生活习性 繁殖季节 5 ~ 8 月。静水繁殖。鸣声似牛叫。行动迟缓，受惊扰后身体鼓胀近似球形。

濒危和保护等级

IUCN 濒危物种红色名录（2022-1）：无危（LC）

中国生物多样性红色名录（2021）：无危（LC）

国家重点保护野生动物名录保护级别（2021）：无

34 粗皮姬蛙　*Microhyla butleri*

英 文 名　Tubercled Pygmy Forg

别　　名　无

分类地位　无尾目（Anura）、姬蛙科（Microhylidae）、姬蛙属（*Microhyla*）

形态特征　体长 20 ～ 25 mm。头长小于头宽；吻端钝尖，突出于下唇；鼻孔近吻端；鼓膜不明显；具单咽下外声囊。前肢细，前臂及手长小于体长的一半；指关节下瘤发达；雄性线明显；后肢较粗壮，贴体前伸时胫跗关节达眼；胫长略大于体长的一半；指端均具小吸盘；趾端具吸盘；指间无蹼；趾间具微蹼；趾关节下瘤明显。背面皮肤粗糙，满布疣粒；背中线具细长疣粒，多排列成行，背两侧的较大而圆；四肢背面具疣粒；枕部具肤沟，向两侧斜达口角后绕至腹面，在咽喉部相连形成咽褶；股基部后方圆疣较多。生活时身体及四肢背面为灰色或灰棕色，背上许多疣粒上具红色小点；背部中央具镶黄边的黑酱色大花斑，此花斑起自上眼睑内侧，向后延伸至躯干中央汇成宽窄相间的主干；在背后端，主干向两侧分叉，形成倒“V”形的深色花斑，斜向胯部，恰与后肢贴体时的股部背面黑酱色横纹相吻合；颞部肤沟色浅；从眼后沿体侧至胯部具 3 ～ 4 块黑斑；四肢背面均具黑横纹；咽喉部具小黑点；腹部及四肢腹面白色。

识别要点　背面皮肤粗糙，满布疣粒，背中线上的疣粒较细长，多排列成行，背两侧的较大而圆；四肢背面具疣粒；背上许多疣粒上具红色小点。

生　　境　常见于海拔 100 ～ 1 300 m 的山区中靠水田、水坑边的土隙或草丛地带。

生活习性　在繁殖季节，雄蛙发出“歪！歪！歪！”的鸣声。

濒危和保护等级

IUCN 濒危物种红色名录（2022-1）：无危（LC）

中国生物多样性红色名录（2021）：无危（LC）

国家重点保护野生动物名录保护级别（2021）：无

35 饰纹姬蛙 *Microhyla fissipes*

英 文 名 Ornamented Pygmy Frog

别　　名 犁头拐、土地公蛙

分类地位 无尾目（Anura）、姬蛙科（Microhylidae）、姬蛙属（*Microhyla*）

形态特征 体长 21 ~ 25 mm。头长宽几乎相等；吻钝尖；鼻孔近吻端；鼓膜不明显；单咽下外声囊。前肢细，前臂及手长小于体长的一半；具雄性线；后肢粗短，贴体前伸时胫跗关节达肩部或肩前方；指末端圆；趾端圆；趾间具蹼。皮肤粗糙，背部具许多小疣；枕部常具横肤沟，并在两侧延伸至肩部；肛周围小圆疣较多；腹面皮肤光滑；背面颜色和花斑一般为粉灰色、黄棕色或灰棕色，其上具 2 个前后排列的深棕色“Λ”形斑；腹面白色；雌蛙咽喉部密布深灰色小点；雄蛙咽喉部深黑色，胸、腹部及四肢腹面白色。

识别要点 背部具许多小疣；枕部常具横肤沟，并在两侧延伸至肩部；腹面皮肤光滑；背面颜色和花斑一般为粉灰色、黄棕色或灰棕色，其上具 2 个前后排列的深棕色“Λ”形斑。

生　　境 常见于海拔 1 400 m 以下的平原、丘陵和山地的泥窝或土穴内，或在水域附近的草丛中。

生活习性 主要以蚁类为食。雄蛙鸣声低沉而缓慢，发出“嘎、嘎、嘎、嘎”的鸣声；卵产于静水塘的水草及雨后临时积水坑内。

濒危和保护等级

IUCN 濒危物种红色名录（2022-1）：无危（LC）

中国生物多样性红色名录（2021）：无危（LC）

国家重点保护野生动物名录保护级别（2021）：无

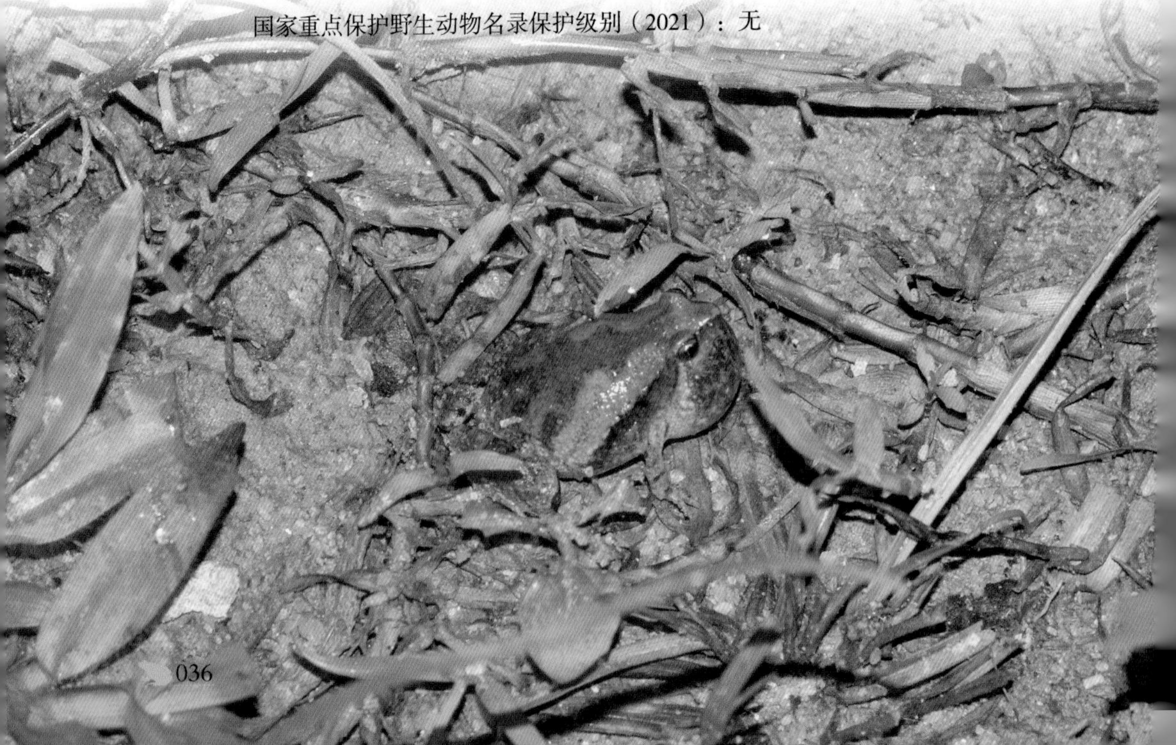

36 小弧斑姬蛙 *Microhyla heymonsi*

英 文 名 Taiwan Rice Frog

别　　名 无

分类地位 无尾目（Anura）、姬蛙科（Microhylidae）、姬蛙属（*Microhyla*）

形态特征 体长 18 ~ 24 mm。头长宽几乎相等；吻端钝尖；鼻孔近吻端；鼓膜不明显；雄蛙具单咽下外声囊。前肢细，前臂及手长远小于体长的一半；雄性线明显；后肢较粗壮，贴体前伸时胫跗关节达眼；胫长略大于体长的一半；指末端具小吸盘；趾吸盘大于指吸盘；趾间具蹼迹。背面皮肤光滑，散布细痣粒；从眼后角至前肢基部、臀基部具肤沟；由眼后至胯部具明显的斜行肤棱；股基部腹面具较大的痣粒。腹面光滑；背面多为粉灰色、浅绿色或浅褐色，自吻端至肛部具 1 条黄色细脊线；在背部脊线上具 1 对或 2 对黑色弧形斑；体两侧具纵行深色纹；腹面肉白色，咽部和四肢腹面具褐色斑纹。

识别要点 自吻端至肛部具 1 条黄色细脊线，脊线上具 1 对或 2 对黑色弧形斑。

生　　境 常见于海拔 70 ~ 1 300 m 的山区稻田、水坑边、沼泽、草丛等地带。

生活习性 主要以昆虫、蛛形纲等动物为食。发出“嘎、嘎”的鸣声，低沉而缓慢。静水产卵。

濒危和保护等级

IUCN 濒危物种红色名录（2022-1）：无危（LC）

中国生物多样性红色名录（2021）：无危（LC）

国家重点保护野生动物名录保护级别（2021）：无

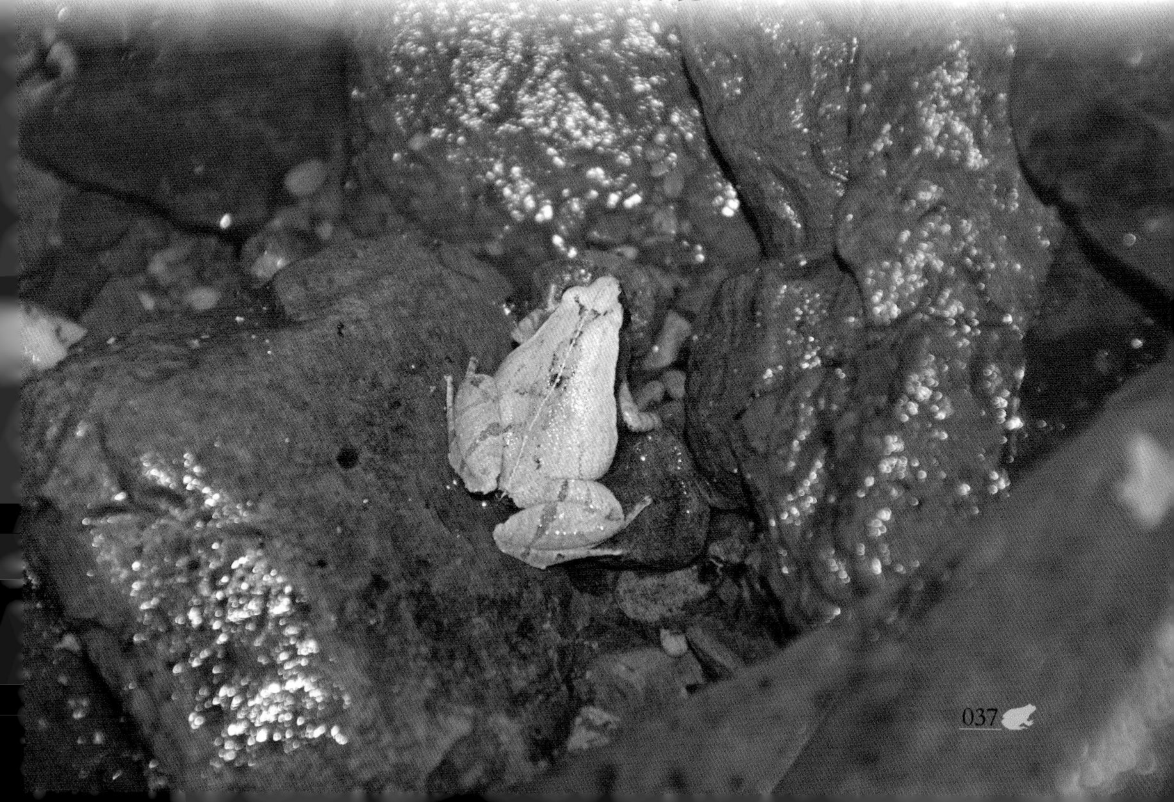

37 花姬蛙 *Microhyla pulchra*

英 文 名　Beautiful Pygmy Frog

别　　名　三角蛙

分类地位　无尾目（Anura）、姬蛙科（Microhylidae）、姬蛙属（*Microhyla*）

形态特征　体长 23 ~ 37 mm。头宽大于头长；吻端钝尖；鼻孔近吻端；鼓膜不明显；无犁骨齿；两眼后方具一横沟；单咽下外声囊。前肢细，前臂及手长小于体长的一半；雄性线明显；后肢粗壮，贴体前伸时胫跗关节达眼；趾端圆，趾侧缘膜达趾端，趾间半蹼。背面皮肤光滑，散布少量小疣粒。体背面粉棕色缀棕黑色及浅棕色花纹，两眼间具棕黑色短横纹；眼后方至体侧后部具若干宽窄不一、棕黑色和棕色重叠相套的“Λ”形斑，体背后中部和肛两侧的棕黑色斑纹不规则；四肢背面具粗细相间的棕黑色横纹；股部前后及胯部柠檬黄色；腹部黄白色；雄蛙咽喉部密布深色点，雌蛙色较浅。

识别要点　体背面具若干重叠相套的“Λ”形斑；四肢背面具粗细相间的棕黑色横纹；股部前后及胯部柠檬黄色；腹部黄白色。

生　　境　常见于海拔 10 ~ 1 350 m 的平原、丘陵和山区，常栖息于水田、园圃及水坑附近的泥窝、洞穴或草丛。

生活习性　发出“嘎！嘎嘎嘎嘎！”的鸣声；繁殖期 3 ~ 7 月，卵产于水田或静水坑内，每年产卵 2 次。

濒危和保护等级

IUCN 濒危物种红色名录（2022–1）：无危（LC）

中国生物多样性红色名录（2021）：无危（LC）

国家重点保护野生动物名录保护级别（2021）：无

38 海南小姬蛙 *Micryletta immaculata*

英文名 Hainan Little Pygmy Frog

别　名 无

分类地位 无尾目（Anura）、姬蛙科（Microhylidae）、小姬蛙属（*Micryletta*）

形态特征 体长 23 ~ 31 mm。头宽略微大于头长；吻棱、鼻孔、鼓膜圆形。前、后肢均细长，后肢贴体前伸时胫跗关节达鼓膜；指端圆形；指间无蹼；趾关节下瘤与指关节下瘤相似。体表光滑，身体背面、两侧和后肢散布许多细小疣粒；背部具细小纵向中脊线；头部侧面光滑；身体腹侧皮肤及四肢光滑；生活时背部铜棕色至红棕色，肘部和前臂颜色明显较浅；体侧具银白色斑纹；体背和体侧无深棕色的斑点或条纹；头侧呈深棕色；鼓膜下缘黑色；腹面半透明，具小而不规则的白色大理石花纹；胸部和侧腹部的花纹相对明显而大；下颚边缘具明显的不规则白色大理石花纹；成年雄蛙喉部颜色较雌蛙深；雌蛙体背颜色较雄蛙鲜红，雄蛙体背颜色较暗。

识别要点 生活时背部铜棕色至红棕色；体背和体侧无深棕色斑点或条纹；身体两侧具银白色斑纹；成年雄蛙喉部呈深褐色；胫跗关节前伸达鼓膜。

生　境 栖息于海拔 160 ~ 1 470 m 山区森林和林缘地区村边的水田或森林间的积水坑中。

生活习性 在大雨过后雄性出现在森林和森林边缘的积水中进行鸣叫和繁殖。繁殖期 5 ~ 9 月。

濒危和保护等级

IUCN 濒危物种红色名录（2022–1）：未评估（NE）

中国生物多样性红色名录（2021）：未评估（NE）

国家重点保护野生动物名录保护级别（2021）：无

第二部分

爬行动物

REPTILE

39 山瑞鳖 *Palea steindachneri*

英文名 Wattle - necked Softshell Turtle

别　名 甲鱼、团鱼

分类地位 龟鳖目（Testudines）、鳖科（Trionychidae）、山瑞鳖属（*Palea*）

形态特征 背甲长可达 43 cm。头背皮肤光滑；具吻突，吻长约与眶径长相等；鼻孔位于吻突顶端；眼小；上唇突出；颈基两侧密布瘰粒。皮肤革质，具裙边，背甲前缘向后翻褶形成发达的缘嵴并具 1 列大瘰粒；背甲中央具 1 条纵嵴，由前端直达骨质板后缘，两侧分布不规则的结节。上腹板呈长条形，与内腹板相切。四肢端部扁平，前肢腕部与后肢蹠部前缘具横向扩大的角质肤褶；指、趾间具满蹼。尾短，雄性尾基较粗，尾尖超出体后的裙边，泄殖孔开口近尾端。通体橄榄绿色、灰绿色。头侧眼后至上下颚接合部具 1 条黑色斑，眼下具 1 条短暗色斑；额顶具"人"字形暗色斑。背甲常具黑色杂斑。

识别要点 通体被革质皮肤；肉质吻突长；颈基两侧及背甲前缘的瘰粒明显。

生　境 常见于山区河流及池塘中。

生活习性 夜间活动，白天在岸边晒太阳。主要以软体动物、甲壳动物和鱼等为食。每年 4 ~ 10 月交配，窝卵数 3 ~ 18 枚。

濒危和保护等级

IUCN 濒危物种红色名录（2022-1）：极危（CR）

中国生物多样性红色名录（2021）：濒危（EN）

国家重点保护野生动物名录保护级别（2021）：国家二级

40 中华鳖　*Pelodiscus sinensis*

英 文 名　Chinese Softshell Turtle

别　　名　甲鱼、团鱼、王八

分类地位　龟鳖目（Testudines）、鳖科（Trionychidae）、鳖属（*Pelodiscus*）

形态特征　背甲长通常小于 35 cm。头吻部前端较瘦；吻长，具吻突；鼻孔位于吻突端；眼小；具肉质唇及宽厚的唇褶；颈背具横行皱褶。背甲卵圆形；皮肤革质；背甲具多条小瘰粒组成的纵棱，边缘向上翻翘。腹甲平坦光滑，具 7 个胼胝体。四肢端部较扁；第 5 指、趾外侧缘膜发达，向上伸展至肘、膝部，形成一侧游离的肤褶；前臂前缘具 4 条横向扩大的扁长条角质肤褶；指、趾具 3 爪，满蹼。雌鳖尾较短；雄鳖尾长，尾基粗。通体橄榄绿色或褐色。头颈部密布黄绿色碎斑；自吻经眼至颈具黑色细纵纹；左右上眼睑具 1 条短横纹。腹甲肉色或白色。

识别要点　皮肤革质；吻突较长；颈基两侧及背甲前缘均无明显的瘰粒或大疣；腹部胼胝体 7 个。

生　　境　常见于江河、湖沼、池塘、水库等水流平缓、鱼虾繁生的淡水水域，也见于大山溪流中。

生活习性　底栖。肉食性，常以螺类、蚯蚓、鱼、虾、昆虫及动物的尸体为食；摄食、活动、繁殖等受温度影响。5 ~ 9 月，水温超过 20° C 时，开始交配，繁殖季节听力敏感性升高。

濒危和保护等级

IUCN 濒危物种红色名录（2022-1）：易危（VU）

中国生物多样性红色名录（2021）：濒危（EN）

国家重点保护野生动物名录保护级别（2021）：无

41 平胸龟 *Platysternon megacephalum*

英 文 名 Big-headed Turtle

别　　名 大头扁龟

分类地位 龟鳖目（Testudines）、平胸龟科（Platysteraidae）、平胸龟属（*Platysternon*）

形态特征 背甲长达 20 cm。体扁平。头大，呈三角形，头被覆角质大硬壳；上喙弯曲，呈鹰嘴状；眼大；无外耳鼓膜。背甲棕褐色，中央较平，呈长卵形；腹甲橄榄色，较小；背腹甲通过韧带相连，背甲与腹甲之间具 3 ~ 5 枚下缘盾。四肢灰色，具瓦状鳞片，后肢较长；除外侧的指、趾外，具锐利的长爪；指间和趾间具半蹼。尾长，部分个体尾长超过自身背甲长；尾上覆以环状排列的短鳞片。头、四肢和尾均不能缩入壳内。

识别要点 体扁平。头大，呈三角形，上喙弯曲，呈鹰嘴状。尾长，尾上覆以环状排列的短鳞片；头、四肢和尾均不能缩入壳内。

生　　境 主要生活在高山溪流及其附近。

生活习性 水陆两栖，主要以螺、虾、蟹和昆虫等动物为食。夜间活动频繁。繁殖期 5 ~ 8 月，窝卵数 1 ~ 2 枚。

濒危和保护等级

IUCN 濒危物种红色名录（2022-1）：极危（CR）

中国生物多样性红色名录（2021）：极危（CR）

国家重点保护野生动物名录保护级别（2021）：国家二级

42 花龟　*Mauremys sinensis*

英文名　Chinese Stripe-necked Turtle

别　名　中华条颈龟、中华花龟

分类地位　龟鳖目（Testudines）、地龟科（Geoemydidae）、拟水龟属（*Mauremys*）

形态特征　背甲长达 30 cm，体较扁。头背面栗色，侧面及腹面色较淡；眼大，眼裂斜置；自吻端经眼和头侧向颈部延伸的黄色细纹，在咽部形成黄色圆形纹。背甲具 3 条明显纵棱，脊棱明显；背甲盾片具同心圆纹。腹甲黄色，盾片具黑斑。四肢具黄色细纵纹，略呈圆柱状，前缘具横列的大鳞。尾渐尖细，具黄色纵纹。

识别要点　背甲具 3 条明显纵棱；四肢及尾满布黄色细纵纹。

生　境　常见于低海拔的池塘及缓流。

生活习性　植食性，也捕食螺、虾等动物性食物。繁殖期 2 ~ 5 月，窝卵数 5 ~ 19 枚。

濒危和保护等级

IUCN 濒危物种红色名录（2022-1）：极危（CR）

中国生物多样性红色名录（2021）：濒危（EN）

国家重点保护野生动物名录保护级别（2021）：国家二级

43 黄额闭壳龟 *Cuora galbinifrons*

英 文 名 Indochinese Box Turtle

别　　名 海南闭壳龟

分类地位 龟鳖目（Testudines）、地龟科（Geoemydidae）、闭壳龟属（*Cuora*）

形态特征 背甲长 7 ~ 18 cm。头淡黄色至棕色，具不规则的棕黑色斑；头顶皮肤平滑无鳞，枕部被小鳞；眼大，眼径大于吻长，眼后具 1 条金色纵纹达鼓膜；颈部背面灰黑色，腹面浅黄色。背甲高隆，中央与周缘棕黑色，两侧肋板多为浅黄色或金黄色，不同个体背甲颜色存在差异。颈盾极窄长；椎盾 5 枚，宽大于长；肋盾 4 对；缘盾 11 对，前后两侧缘略向上翻，部分个体略呈锯齿状；臀盾 1 对。腹甲黑褐色，并散布少量浅黄色；前后缘均圆而无凹缺；腹甲前后叶通过韧带相连，能完全闭合背甲。四肢被覆鳞片，呈覆瓦状排列；前肢黄色，外侧具黑褐色宽纵纹；后肢背面灰褐色，腹面浅黄色；指、趾具爪，指、趾间具半蹼。尾短，被硬鳞。

识别要点 背甲高隆，中央与周缘棕黑色，两侧肋板多为浅黄色或金黄色。腹甲前后叶以韧带相连，能完全闭合背甲。

生　　境 常见于海拔 500 ~ 1 000 m 的竹林中。

生活习性 杂食性。雷雨天活动频繁。繁殖期 5 ~ 6 月，窝卵数 1 ~ 3 枚。

濒危和保护等级

IUCN 濒危物种红色名录（2022-1）：极危（CR）

中国生物多样性红色名录（2021）：极危（CR）

国家重点保护野生动物名录保护级别（2021）：国家二级

44 锯缘闭壳龟　*Cuora mouhotii*

英 文 名　Keeled Box Turtle

别　　名　平顶闭壳龟、八角龟、锯缘摄龟

分类地位　龟鳖目（Testudines）、地龟科（Geoemydidae）、闭壳龟属（*Cuora*）

形态特征　背甲长 5 ~ 18 cm。头顶浅棕黄色，前部平滑，后部具不规则的大鳞；头背部灰褐色至红褐色，散布蠕虫状花纹；上喙钩曲；眼较大。背甲棕黄色至棕红色，具 3 条脊棱，背甲中央平坦，两侧几乎成直角向下，背甲前缘无齿状突，后缘具 8 个明显锯齿。颈盾长而窄，部分个体缺失。腹甲大而平坦，呈黄色，边缘具不规则大黑斑，前缘平切，后缘缺刻深；腹甲仅前半部可活动，龟壳后缘不能完全闭合；无腋盾及胯盾；尾短。四肢具覆瓦状鳞片；指、趾间具半蹼。

识别要点　背甲棕黄色至棕红色，具 3 条脊棱，背甲中央平坦，两侧几乎成直角向下，背甲前缘无齿状突，后缘具 8 个明显锯齿。

生　　境　常见于热带和亚热带地区丘陵山区较阴湿的环境中。

生活习性　杂食性，半水栖。雷雨天活动频繁。繁殖期 4 ~ 6 月，窝卵数 2 ~ 4 枚。

濒危和保护等级

IUCN 濒危物种红色名录（2022-1）：濒危（EN）

中国生物多样性红色名录（2021）：极危（CR）

国家重点保护野生动物名录保护级别（2021）：国家二级

45 三线闭壳龟 *Cuora trifasciata*

英 文 名 Chinese Three-striped Box Turtle

别　　名 金钱龟

分类地位 龟鳖目（Testudines）、地龟科（Geoemydidae）、闭壳龟属（*Cuora*）

形态特征 背甲长达 30 cm。头顶部光滑无鳞，金黄色。头侧栗色或橄榄色，中间色较浅，上下缘色深；喙缘及鼓膜黄色；瞳孔黑色，咽黄色；吻端略突出，上喙中央微钩曲。背甲淡棕色或棕色，中心疣轮棕黑色，并具棕黑色放射纹。身体整体呈卵圆形，前缘微凹或平，后缘圆，具 3 条黑色纵棱，脊棱明显，呈“川”字形排列。腹甲的前后两叶可向上活动并与背甲完全闭合。头、尾、四肢均能缩入甲壳内。

识别要点 头顶部光滑无鳞，金黄色。背甲具 3 条黑色纵棱，呈“川”字形排列。头、尾、四肢均能缩入甲壳内。

生　　境 常见于山谷溪流中，偏好较隐蔽的环境。

生活习性 杂食性，主要以小鱼、小虾、蚯蚓、水生昆虫等动物为食，亦吃些植物果实。繁殖期 4 ~ 10 月，每年产卵 1 次，窝卵数 2 ~ 8 枚。

濒危和保护等级

IUCN 濒危物种红色名录（2022-1）：极危（CR）

中国生物多样性红色名录（2021）：极危（CR）

国家重点保护野生动物名录保护级别（2021）：国家二级

46 地龟　*Geoemyda spengleri*

英 文 名　Black-breasted Leaf Turtle

别　　名　锯缘叶龟、锯齿龟

分类地位　龟鳖目（Testudines）、地龟科（Geoemydidae）、地龟属（*Geoemyda*）

形态特征　背甲长 6 ~ 10 cm。头部较小，浅棕色；上喙钩曲，似鹰嘴；眼大，外凸；头两侧具浅黄色条纹。背部比较平滑，背甲金黄色或橘黄色，中央具 3 条纵棱，前后边缘具齿状突起。腹甲棕黑色，两侧具浅黄色斑纹，甲桥明显；背、腹甲间通过骨缝相连。前后肢散布红色鳞片；后肢浅棕色，散布红色或黑色斑纹；指、趾间具蹼。尾细短。

识别要点　体型较小；背甲中央具 3 条纵棱，前后边缘具齿状突起；腹甲棕黑色，两侧具浅黄色斑纹，甲桥明显。

生　　境　常见于山高林密的沟谷雨林中。

生活习性　杂食性，主要以昆虫、蠕虫及植物的叶和果实等为食。繁殖期 6 ~ 8 月。

濒危和保护等级

IUCN 濒危物种红色名录（2022-1）：濒危（EN）

中国生物多样性红色名录（2021）：濒危（EN）

国家重点保护野生动物名录保护级别（2021）：国家二级

47 海南四眼斑水龟 *Sacalia insulensis*

英 文 名 Four Eye Spotted Turtle

别　　名 六眼龟、四眼斑龟

分类地位 龟鳖目（Testudines）、地龟科（Geoemydidae）、眼斑水龟属（*Sacalia*）

形态特征 背甲长 5 ~ 12 cm。雄性头顶部呈深橄榄绿色，眼部为淡橄榄绿色，头后侧各具 2 对眼斑，每个眼斑中均具 1 个黑点，每对眼斑的周围均有 1 条白纹包围，头顶第 2 对眼斑内侧边缘一般相距较宽，大多呈倒"儿"字形；下颌分布多个红色（雄）或黄白色（雌）小斑块；颈背部具 3 条黄色粗纵条纹，前肢及颈腹部具橘红色斑点。雌性头顶部呈棕色，眼斑黄色，中央具 1 个黑点，每对眼斑均前小后大，且周围有灰色暗环包围，颈背部的 3 条粗纵条纹和颈腹部的条纹均为黄色。

识别要点 头后侧各具 2 对眼斑，每个眼斑中均具 1 个黑点；头顶第 2 对眼斑内侧边缘一般相距较宽，大多呈倒"儿"字形；下颌分布多个红色（雄）或黄白色（雌）小斑块。

生　　境 常见于山区溪流地带；偏好水流缓慢、水底多沙石及水质清澈的水体。

生活习性 杂食性。性情胆小，喜栖于水底黑暗处。繁殖期 1 ~ 4 月，窝卵数 1 ~ 3 枚；在繁殖期龟体散发出臭味。

濒危和保护等级

IUCN 濒危物种红色名录（2022-1）：未评估（NE）

中国生物多样性红色名录（2021）：濒危（EN）

国家重点保护野生动物名录保护级别（2021）：国家二级

48 霸王岭睑虎 *Goniurosaurus bawanglingensis*

英 文 名 Bawangling Leopard Gecko

别　　名 无

分类地位 有鳞目（Squamata）、蜥蜴亚目（Lacertilia）、睑虎科（Eublepliaridae）、睑虎属（*Goniurosaurus*）

形态特征 全长 10 ~ 18 cm。头长大于头宽；吻端钝圆；耳孔大；颈前部具 1 条金褐色镶黑边的弧形色带，色带两侧分别沿头侧向前延伸至下眼睑；前肢和后肢间具 3 条金褐色镶黑边的色带，第 1 条位于前肢后，第 2 条位于躯干中部，第 3 条位于后肢前方约 1 cm 处。吻鳞大，略呈五角形；上唇鳞 8 ~ 9 枚（偶 7 枚）。颏鳞大；头部腹面具粒鳞；背被覆粒鳞，间杂大量疣鳞。四肢细长。指、趾细直不扩展。尾基部具 1 条金褐色镶黑边的色带；尾前部分节；长度不及头体长；尾环在腹面不相接。雄性具 37 ~ 40 个肛前孔及股孔；雌性吻长显著小于雄性。头背棕褐色，躯干及尾背暗紫褐色，杂以少数黑褐色大斑。

识别要点 颈前部具 1 条金褐色镶黑边的弧形色带，色带两侧分别沿头侧向前延伸至下眼睑；前肢和后肢间具 3 条金褐色镶黑边的色带，第 1 条位于前肢后，第 2 条位于躯干正中部，第 3 条位于后肢前方约 1 cm 处。尾基部具 1 条金褐色镶黑边的色带。尾环在腹面不相接。

生　　境 常栖息于海拔 180 ~ 900 m 热带、亚热带次生林、人工林的花岗岩、沙石、石灰岩地带。

生活习性 夜行性。主要以白蚁、蟑螂等昆虫为食。窝卵数 1 ~ 3 枚，以 2 枚为多。

濒危和保护等级

IUCN 濒危物种红色名录（2022-1）：濒危（EN）

中国生物多样性红色名录（2021）：濒危（EN）

国家重点保护野生动物名录保护级别（2021）：国家二级

49 中华睑虎 *Goniurosaurus sinensis*

英 文 名 Zhonghua Leopard Gecko

别 名 无

分类地位 有鳞目（Squamata）、蜥蜴亚目（Lacertilia）、睑虎科（Eublepliaridae）、睑虎属（*Goniurosaurus*）

形态特征 体长 9 ~ 11 cm。头长大于头宽。吻端钝圆；耳孔大；颈部明显。成体背部棕褐色，具斑驳的不规则黑褐色斑点。颈前部具 1 条略呈弧形的浅灰色色带，色带两侧分别沿头侧向前延伸至下眼睑；四肢细长；前肢和后肢间具 2 条浅灰色色带，第 1 条位于前肢后部，第 2 条位于躯干中部略靠后；尾基部具 1 条浅灰色色带。自股部至膝部具金斑。液浸标本：头部、身体和四肢的背部为棕褐色，染以斑驳分布的不规则深褐色斑点；头、躯干和四肢腹面鳞片白色；具白色尾环 6 条，其前后边缘均镶黑色边，白色尾环仅延伸至腹侧，左右不相连；尾端白色。

识别要点 颈前部具 1 条略呈弧形的浅灰色色带，色带两侧分别沿头侧向前延伸至下眼睑；前肢和后肢间具 2 条浅灰色色带，第 1 条位于前肢后部，第 2 条位于躯干中部略靠后；尾基部具 1 条浅灰色色带。

生 境 常见于覆盖着湿润的热带常绿阔叶林的石灰岩区。

生活习性 夜间活动。野外 3 ~ 4 月可观察到怀卵个体。

濒危和保护等级

IUCN 濒危物种红色名录（2022-1）：未评估（NE）

中国生物多样性红色名录（2021）：未评估（NE）

国家重点保护野生动物名录保护级别（2021）：国家二级

50 截趾虎 *Gehyra mutilata*

英文名 Four-clawed Gecko

别　名 无

分类地位 有鳞目(Squamata)、蜥蜴亚目(Lacertilia)、壁虎科(Gekkonidae)、截趾虎属(*Gehyra*)

形态特征 全长 10 cm 左右。吻钝小，吻鳞长方形，宽大于高，上缘正中具纵裂；上鼻鳞在吻背相接；鼻孔由吻鳞、第 1 上唇鳞、上鼻鳞及 2 ~ 3 枚后鼻鳞围成；上唇鳞 8 枚，下唇鳞 8 枚；颏鳞呈亚五角形；颏片 3 对，内侧 1 对最大。体背为粒鳞，两侧较中间为大，无间杂疣鳞；头背粒鳞小于吻部粒鳞。体腹面为覆瓦状排列的圆鳞，腹中线 40 行。指、趾基部具微蹼；第 1 指、趾爪甚小或无爪；指、趾下瓣双行。后肢短，大腿和小腿的后缘具皮褶相连。尾扁平，在基部向两侧突然膨大，向后渐细，似矛状；尾侧缘具一些齿状小鳞；尾背被粒鳞，腹面中央 1 行鳞横向扩大。

识别要点 后肢短，大腿和小腿的后缘具皮褶相连。尾扁平，基部突然膨大，向尾端渐细。

生　境 常隐藏于屋檐、墙缝、天花板等处。

生活习性 夜间活动。主要以蚊子、飞蛾等昆虫为食。卵生。

濒危和保护等级

IUCN 濒危物种红色名录（2022-1）：无危（LC）

中国生物多样性红色名录（2021）：易危（VU）

国家重点保护野生动物名录保护级别（2021）：无

51 原尾蜥虎 *Hemidactylus bowringii*

英 文 名 Bowring's Smooth Gecko

别　　名 纵斑蜥虎

分类地位 有鳞目(Squamata)、蜥蜴亚目(Lacertilia)、壁虎科(Gekkonidae)、蜥虎属(*Hemidactylus*)

形态特征 全长 8 ~ 10 cm。头体长略大于尾长；吻鳞梯形；上鼻鳞在吻后被 1 枚小鳞分隔；鼻孔由吻鳞、第 1 上唇鳞、上鼻鳞及 2 枚后鼻鳞围成；颏鳞大，呈三角形或近五角形；颏片左 3 枚右 2 枚。头部腹面具粒鳞，躯干部腹面被覆瓦状鳞；体背被均一的粒鳞；吻部的粒鳞比头背后部及体背的粒鳞大。指、趾中等扩展，指、趾间无蹼；后足第 1 ~ 5 趾的趾下瓣双行。尾的断面呈扁圆形；尾背面被均匀的粒鳞，腹面中央 1 行鳞扩大。雄性两侧的肛前孔、股孔在肛前被 2 ~ 4 枚鳞片隔开。

识别要点 体背、尾背及尾侧被均匀的粒鳞；颏片左 3 枚右 2 枚。雄性两侧的肛前孔、股孔在肛前被 2 ~ 4 枚鳞片隔开。

生　　境 常见于墙缝、屋檐、树洞、石隙等处。

生活习性 夜行性。主要以蛾类、蚊子、白蚁等昆虫为食。繁殖期 5 ~ 8 月，每年产 1 次卵。

濒危和保护等级

IUCN 濒危物种红色名录（2022-1）：无危（LC）

中国生物多样性红色名录（2021）：无危（LC）

国家重点保护野生动物名录保护级别（2021）：无

52 疣尾蜥虎　*Hemidactylus frenatus*

英 文 名　Common House Gecko

别　　名　无

分类地位　有鳞目（Squamata）、蜥蜴亚目（Lacertilia）、壁虎科（Gekkonidae）、蜥虎属（*Hemidactylus*）

形态特征　全长 8 ~ 12 cm。吻长大于眼至耳孔之距；吻鳞方形，宽大于高，上缘中央具明显纵凹，或具中裂；鼻孔由吻鳞、第 1 上唇鳞、上鼻鳞及 3 枚后鼻鳞围成；上唇鳞 7 ~ 10 枚，下唇鳞 8 ~ 10 枚；颏鳞大，呈三角形；2 对颏片大小几乎相等。体背被粒鳞，沿体背中央间具 2 ~ 5 列圆形疣鳞；躯干部腹面具覆瓦状排列的圆鳞。指、趾中等扩展，无蹼；后足第 1 ~ 5 趾的趾下瓣双行；尾背分节明显，每节具粒鳞 8 ~ 9 排，各节后缘具 6 枚大而尖的疣鳞。尾腹面正中 1 行鳞扩大。雄性的肛前孔、股孔在肛前相遇。

识别要点　体背粒鳞间的疣鳞较少；2 对颏片大小几乎相等；尾鳞分节排列，每节后缘具 6 枚大而尖的疣鳞；雄性的肛前孔、股孔在肛前相遇。

生　　境　常见于屋檐下及墙上。

生活习性　夜行性。主要以昆虫为食；发出"吉、吉、吉"的叫声；繁殖期 5 ~ 7 月，卵生。

濒危和保护等级

IUCN 濒危物种红色名录（2022–1）：无危（LC）

中国生物多样性红色名录（2021）：无危（LC）

国家重点保护野生动物名录保护级别（2021）：无

53 锯尾蜥虎 *Hemidactylus garnotii*

英 文 名 Fox Gecko

别　　名 无

分类地位 有鳞目(Squamata)、蜥蜴亚目(Lacertilia)、壁虎科(Gekkonidae)、蜥虎属(*Hemidactylus*)

形态特征 全长 10 cm 左右。耳孔小，直立卵圆形，长径为短径的 2 倍；吻鳞方形，宽大于高，上缘中央具纵裂；上鼻鳞在吻后被 2 枚小鳞分隔；鼻孔由吻鳞、第 1 上唇鳞及后鼻鳞围成；上唇鳞左 13 枚，右 11 枚，下唇鳞 9 枚；颏鳞呈三角形，几乎与吻鳞同宽；额片左 2 枚右 3 枚（左侧第 1 枚与右侧前 2 枚之和等大）；头部腹面具粒鳞；颏片 2 对，第 1 对略大。体背被粒鳞，光滑无疣鳞；躯干部腹面为覆瓦状排列的圆鳞。五指具爪，指、趾间无蹼或仅有蹼迹；指、趾中等扩展，后足第 1 ~ 5 趾的趾下瓣双行；股后具肤褶。尾两侧具锯齿状疣鳞。

识别要点 体背被粒鳞，无疣鳞；尾两侧具锯齿状疣鳞。

生　　境 常见于山区林地内。

生活习性 主要以蛾、白蚁等昆虫为食。卵生。

濒危和保护等级

IUCN 濒危物种红色名录（2022-1）：无危（LC）

中国生物多样性红色名录（2021）：无危（LC）

国家重点保护野生动物名录保护级别（2021）：无

54 中国壁虎 *Gekko chinensis*

英文名 Gray's Chinese Gecko

别　名 壁虎

分类地位 有鳞目（Squamata）、蜥蜴亚目（Lacertilia）、壁虎科（Gekkonidae）、壁虎属（*Gekko*）

形态特征 全长 10 ~ 16 cm。吻鳞长方形；鼻孔由吻鳞、第 1 上唇鳞、上鼻鳞及 1 ~ 3 枚后鼻鳞围成；上唇鳞 10 ~ 14 枚，下唇鳞 11 枚或 12 枚；第 1 上唇鳞的宽小于吻鳞宽的一半；颏鳞三角形或近似三角形；颏片 5 对；体背被粒鳞，间杂圆形或圆锥形的疣鳞；体腹面为覆瓦状鳞，沿腹中线为 40 列左右。四肢背面被小粒鳞，腹面被覆瓦状鳞；指、趾间具蹼，蹼缘达指、趾的 1/2 或 1/3；后足第 1 ~ 5 趾具扩展的双行趾下瓣。雄性具肛前孔和股孔 17 ~ 25 个。尾稍纵扁，基部每侧具 1 个肛疣，雄性明显大于雌性；尾背面为覆瓦状小圆鳞，经尾侧至尾腹逐渐扩大；尾腹面的覆瓦状鳞较大。

识别要点 趾下瓣双行，指、趾间具蹼，蹼缘达指、趾的 1/2 或 1/3 处；背部粒鳞间具疣鳞；尾稍纵扁，尾基部每侧具 1 个肛疣。

生　境 常见于人工建筑物的缝隙、石缝、林缘树干。

生活习性 动作敏捷。主要以蚊子、飞蛾等昆虫为食。6 ~ 8 月产卵。

濒危和保护等级

IUCN 濒危物种红色名录（2022-1）：无危（LC）

中国生物多样性红色名录（2021）：无危（LC）

国家重点保护野生动物名录保护级别（2021）：无

55 铜蜓蜥 *Sphenomorphus indicus*

英 文 名　Indian Forest Skink

别　　名　无

分类地位　有鳞目（Squamata）、蜥蜴亚目（Lacertilia）、石龙子科（Scincidae）、蜓蜥属（*Sphenomorphus*）

形态特征　全长 25 cm 左右。吻短而钝，吻长约等于眼耳间距；鼓膜小；耳孔卵圆形；吻鳞突出；鼻孔位于单枚鼻鳞中部；2 枚额顶鳞相接较宽，1 枚顶间鳞中型大，顶鳞后端彼此相接；颊鳞 2 枚，前枚略小；颞鳞 2 枚，较大；上唇鳞 7 枚，下唇鳞左 7 枚右 6 枚；颌片 3 对；体表被覆圆鳞，覆瓦状排列；背鳞大小一致，环体中段鳞为 37 行；肛前鳞 4 枚，中间 1 对显著大于两侧 2 枚；尾背鳞大小一致，尾腹面正中 1 行鳞扩大。四肢较弱，前后肢贴体相向时，最长趾达肘关节；指、趾略侧扁，具爪；尾基至尾尖逐渐缩小成圆锥形。背面古铜色，背脊具 1 条黑色脊纹，体两侧各具 1 条黑色纵带，其上不间杂点斑，纵带上缘镶以浅色窄纵纹。

识别要点　背面古铜色，背脊具 1 条黑色脊纹，体两侧各具 1 条黑色纵带，其上不间杂点斑，纵带上缘镶以浅色窄纵纹。

生　　境　常见于平原及低山阴湿的草丛、灌丛、石堆及有裂缝的石壁中。

生活习性　常中午活动。主要以昆虫及蜘蛛等无脊椎动物为食。卵胎生，产仔期 7 ~ 8 月。

濒危和保护等级

IUCN 濒危物种红色名录（2022-1）：未评估（NE）

中国生物多样性红色名录（2021）：无危（LC）

国家重点保护野生动物名录保护级别（2021）：无

56 股鳞蜓蜥 *Sphenomorphus incognitus*

英 文 名 Brown Forest Skink

别 名 无

分类地位 有鳞目（Squamata）、蜥蜴亚目（Lacertilia）、石龙子科（Scincidae）、蜓蜥属（*Sphenomorphus*）

形态特征 全长 12 ~ 20 cm。吻端钝，吻长大于眼耳间距；鼓膜凹陷；耳孔椭圆形。吻鳞突出；前额鳞不相接；2 枚额顶鳞相接较长，1 枚顶间鳞较小，顶鳞后端彼此相接；无颈鳞；颊鳞 2 枚，前后排列，前颊鳞窄而高；颞鳞 2 枚，重叠排列；上唇鳞 7 枚，下唇鳞 6 ~ 7 枚；颏鳞和后颏鳞各 1 枚，颌片 2 对；体表被覆圆鳞，覆瓦状排列；背鳞与腹鳞几乎等大，环体中段鳞为 37 ~ 38 行；肛前鳞 4 枚，中间 1 对明显小于两侧 2 枚；尾背鳞片几乎等大，尾腹面正中 1 行鳞扩大；股后外侧具 1 团大鳞片。四肢较弱，前后肢贴体相向时，指、趾相遇或超过；指、趾长，具爪；尾基粗壮。液浸标本体背灰棕色，具密集黑色斑点；体侧黑色，不呈明显纵纹；四肢背面灰棕色，具黑白色麻点。

识别要点 液浸标本体背灰棕色，具密集的黑色斑点，体侧黑色，不形成明显的纵纹；具 2 枚大型肛前鳞，股后外侧具 1 团大鳞片；环体中段鳞 37 ~ 38 行。

生 境 常见于树林边缘。

生活习性 白天活动。主要以昆虫及其他小型无脊椎动物为食。产卵期 7 ~ 8 月，窝卵数 3 ~ 5 枚。

濒危和保护等级

IUCN 濒危物种红色名录（2022-1）：无危（LC）

中国生物多样性红色名录（2021）：无危（LC）

国家重点保护野生动物名录保护级别（2021）：无

57 中国石龙子 *Plestiodon chinensis*

英文名 Chinese Blue-tailed Skink

别　名 石龙子、四脚蛇

分类地位 有鳞目(Squamata)、蜥蜴亚目(Lacertilia)、石龙子科(Scincidae)、石龙子属(*Plestiodon*)

形态特征 全长 19 ~ 25 cm。吻钝圆；耳孔小，鼓膜凹陷；吻鳞较大；上鼻鳞 1 对，在吻鳞后相接；额鼻鳞一般与前颊鳞相接；前额鳞一般大于上鼻鳞，相接构成中缝沟；额鳞相对较短；顶间鳞 1 枚；顶鳞被顶间鳞或顶间鳞后的 1 枚小鳞分隔；颈鳞 1 ~ 3 对；眶上鳞 4 枚，第 2 枚最大；鼻鳞小；颊鳞 2 枚；上睫鳞 5 ~ 8 枚；下眼睑被鳞；上唇鳞 7 枚（偶有 5 枚或 6 枚），下唇鳞 6 ~ 7 枚（偶有 5 枚）；颏鳞中等大；后颏鳞 2 枚；颌片 2 对。身体背腹均为覆瓦状排列的平滑圆鳞；环体中段鳞一般 22 行；肛前具 2 枚大鳞；尾腹面正中 1 行鳞扩大。四肢发达，前后肢贴体相向时，指、趾端相遇。生活时成体头背暗绿色，体侧具红点。液浸标本头背浅棕色，体背黑褐色，尾背褐色，斑纹不显，幼体体背具数条浅色纵线，尾蓝色。腹面灰白色，躯干部颜色略深。

识别要点 具上鼻鳞；后颏鳞 2 枚；背鳞为覆瓦状排列的平滑圆鳞；尾腹面正中 1 行鳞扩大。

生　境 常见于低海拔的山区住宅附近公路旁边草丛、树林下的落叶杂草中，丘陵地区青苔和茅草丛生的路旁，低矮灌木林下和杂草茂密等地带。

生活习性 地栖型。昼行性；活动具明显的季节性规律。主要以昆虫等无脊椎动物为食。卵生。

濒危和保护等级

IUCN 濒危物种红色名录（2022-1）：无危（LC）

中国生物多样性红色名录（2021）：无危（LC）

国家重点保护野生动物名录保护级别（2021）：无

58 四线石龙子 *Plestiodon quadrilineatus*

英 文 名 Hong Kong Skink

别　　名 无

分类地位 有鳞目(Squamata)、蜥蜴亚目(Lacertilia)、石龙子科(Scincidae)、石龙子属(*Plestiodon*)

形态特征 全长约 13 cm。上鼻鳞 1 对；额鳞六边形；额顶鳞细长；顶鳞宽短，在顶间鳞之后彼此相接；颈鳞 3 对；鼻鳞完全分裂，鼻孔细长，后鼻鳞小，与 2 枚上唇鳞相接；颊鳞 2 枚；上睫鳞 7 ~ 8 枚；眶上鳞 4 枚；下眼睑下面具 4 枚扩大的鳞片；雄性颞部略肥大；颞鳞 2+2 枚，第 1 列上颞鳞长方形，下颞鳞窄三角形；上唇鳞 7 枚（右侧 8 枚），第 1 枚不高于第 2 枚，第 1、第 2 枚上唇鳞与后鼻鳞相接，第 7 枚上唇鳞最大；唇后部的 2 对鳞片将上唇鳞与耳孔分隔；下唇鳞 6 枚；耳孔瓣突 2 枚，耳孔周围具鳞 18 枚；颏鳞大，唇缘明显长于吻鳞；后颏鳞 2 枚；颌片 3 对。背鳞平行，环体中段鳞 20 ~ 22 行；背中线鳞 50 ~ 52 枚；背中部 2 行鳞片明显大于相邻的鳞片。背面深灰褐色，具 4 条银白色纵线纹，背侧 2 条从吻部开始，经顶鳞外缘、耳孔上方沿第 2 行鳞直达尾部 1/3 处；体侧浅纵线纹从唇鳞起，经耳孔下方延伸至胯部。头背浅黄褐色，具 4 条浅色纵纹，尾蓝色；腹面白色，大多数腹鳞前缘具 4 ~ 5 枚横向排列的小黑点。

识别要点 背中部 2 行鳞片明显大于相邻的鳞片；环体中段鳞 20 ~ 22 行；背面深灰褐色，具 4 条银白色纵线纹。

生　　境 常见于森林边缘处杂草地区或砾石与杂草交错地带。

生活习性 主要以昆虫为食。繁殖期 5 ~ 7 月，卵生。

濒危和保护等级

IUCN 濒危物种红色名录（2022-1）：无危（LC）

中国生物多样性红色名录（2021）：无危（LC）

国家重点保护野生动物名录保护级别（2021）：无

59 长尾南蜥 *Eutropis longicaudata*

英文名 Long-tail Mabuya

别　名 无

分类地位 有鳞目（Squamata）、蜥蜴亚目（Lacertilia）、石龙子科（Scincidae）、南蜥属（*Eutropis*）

形态特征 头体长 6 ~ 10 cm，体形粗壮。吻端钝圆，吻鳞宽大于高；耳孔小，卵圆形，耳孔前缘具 1 ~ 3 枚瓣突，周围鳞片略小于侧鳞，鼓膜凹陷。鼻鳞完整，鼻孔位于鼻鳞后下缘，上鼻鳞 1 对，彼此相接；额鼻鳞 1 枚，略呈菱形，与吻鳞相接或被上鼻鳞分隔；后鼻鳞 1 对；前额鳞 1 对，彼此相接，或分离较窄；额鳞长大于宽；顶鳞宽大于长，为顶间鳞完全分隔；顶间鳞 1 枚，长约为额鳞的 3/4；颈鳞 1 对；颊鳞 2 枚；上睫鳞 5 ~ 7 枚；下眼睑被小鳞；颞鳞 2+3+3 枚，平滑；上唇鳞 7 枚（偶 8 枚），第 5 枚最大；颏鳞略呈三角形；后颏鳞 1 枚；颌片 2 对；背鳞与侧鳞为覆瓦状排列的圆鳞；体、尾及四肢背面的每片鳞均具 2 条明显纵棱；体侧鳞平滑；环体中段鳞 28 ~ 29 行；腹鳞为覆瓦状排列的平滑圆鳞，沿腹中线具 48 ~ 53 枚；肛前鳞小而多，中间 2 枚略大；尾腹面正中 1 行鳞扩大。尾长为头体长的 2 倍以上。指、趾长；前后肢贴体相向时，后肢趾端达前肢掌或指。液浸标本体背古铜色，体侧黑褐色，杂白色斑点，上下颌及耳孔附近白点较密集；腹面青灰色。

识别要点 体形粗壮；上鼻鳞彼此相接；尾长为头体长的 2 倍以上。

生　境 常见于热带地区长满杂草的岩石上及住宅附近。

生活习性 主要以蝗虫或蟋蟀为食。3 ~ 7 月产卵，窝卵数 6 ~ 8 枚。

濒危和保护等级

IUCN 濒危物种红色名录（2022-1）：无危（LC）

中国生物多样性红色名录（2021）：无危（LC）

国家重点保护野生动物名录保护级别（2021）：无

60 多线南蜥 *Eutropis multifasciata*

英 文 名 Common Mabuya

别　　名 无

分类地位 有鳞目（Squamata）、蜥蜴亚目（Lacertilia）、石龙子科（Scincidae）、南蜥属（*Eutropis*）

形态特征 全长 18 ~ 26 cm，体形粗壮。吻端钝圆，吻鳞宽大于高；耳孔小；鼓膜凹陷；鼻孔位于单枚鼻鳞中央；上鼻鳞 1 对，彼此分离；额鼻鳞与吻鳞相接；鼻后鳞 1 对；眶上鳞 4 枚，第 2 枚最大；顶鳞宽大于长，被顶间鳞隔开，彼此不相接；颈鳞 1 对；颊鳞 2 枚，第 1 枚较小，与上鼻鳞相接；上睫鳞 6 ~ 7 枚；下眼睑被小鳞；颞鳞 3+3 枚；上唇鳞 7 枚（偶 6 枚），下唇鳞 6 ~ 7 枚；颏鳞三角形；颌片 2 对；背鳞与侧鳞几乎等大，覆瓦状排列，每一背鳞具 3 ~ 5 条明显的纵棱；体、尾、四肢背面每一鳞片具 3 ~ 5 条纵棱；环体中段鳞 29 ~ 32 行；腹鳞平滑，肛前鳞 8 枚。尾长为头体长的 1.5 倍左右。四肢大小适中，前后肢贴体相向时，最长趾端可达腕部基至达肘关节；指、趾下瓣平滑或微起棱。液浸标本体背棕褐色，体侧黑褐色。身体腹面灰白色。

识别要点 鼻鳞彼此不相切；每一背鳞具 3 ~ 5 条明显的纵棱；尾长为头体长的 1.5 倍左右。

生　　境 常见于海拔 500 m 以下的开阔地，主要分布在海拔 200 m 左右的丘陵地区。

生活习性 胎生，胎仔数 5 ~ 7 只。

濒危和保护等级

IUCN 濒危物种红色名录（2022-1）：无危（LC）
中国生物多样性红色名录（2021）：无危（LC）
国家重点保护野生动物名录保护级别（2021）：无

61 南滑蜥　*Scincella reevesii*

英 文 名　Reeves' Smooth Gecko

别　　名　无

分类地位　有鳞目（Squamata）、蜥蜴亚目（Lacertilia）、石龙子科（Scincidae）、滑蜥属（*Scincella*）

形态特征　全长 9 ~ 12 cm。吻端钝圆，吻鳞宽大于高；耳孔椭圆形；鼻鳞较大，无上鼻鳞；鼻孔位于鼻鳞中央；额鼻鳞 1 枚；前额鳞 2 枚，相接；额鳞 1 枚；额顶鳞 1 对；顶鳞 2 枚；无颈鳞或具 1 ~ 3 对略微扩大的颈鳞；颊鳞 2 枚；上唇鳞 7 ~ 8 枚，下唇鳞 6 ~ 8 枚；背鳞平滑，背部鳞片等于或略大于体侧鳞片；环体中段鳞 27 ~ 32 行；肛前鳞 2 枚。四肢侧扁，前后肢贴体相向时指、趾端相遇；指、趾长，侧扁，第 4 趾背面覆以 2 行或 2 行以上的鳞片，第 4 趾的趾下瓣 15 ~ 18 枚；尾基部圆柱形，向后渐细而尖，尾腹面正中 1 行鳞片横向扩大。液浸标本背面棕褐色，散布黑色斑点，密集于背中线者前后缀成 1 纵行；体侧黑纵纹自吻端经鼻孔、颊鳞上方、眼后，沿体侧向后延伸至尾末端，上缘较平，下缘波浪状，在腋胯间占 3 行鳞宽，其间杂白色斑点；体腹面白色。

识别要点　无上鼻鳞；2 枚前额鳞相接；无颈鳞或具 1 ~ 3 对略微扩大的颈鳞；背鳞等于或略大于侧鳞；体侧黑纵纹约跨 3 行鳞。

生　　境　常见于低海拔山区，路边落叶或橡胶林下的草丛中。

生活习性　白天活动。卵胎生。

濒危和保护等级

IUCN 濒危物种红色名录（2022-1）：未评估（NE）

中国生物多样性红色名录（2021）：无危（LC）

国家重点保护野生动物名录保护级别（2021）：无

62 海南棱蜥 *Tropidophorus hainanus*

英 文 名 Hainan Water Skink

别　　名 无

分类地位 有鳞目(Squamata)、蜥蜴亚目(Lacertilia)、石龙子科(Scincidae)、棱蜥属(*Tropidophorus*)

形态特征 全长 8 ~ 12 cm。鼓膜与眼径等大；上下颌均具牙齿 60 枚左右；舌黑色，侧缘呈瓣状；额鼻鳞长宽相等，与额鳞相接；前额鳞 1 对；1 对顶鳞在顶间鳞之后相接；顶眼清晰；头顶大鳞均密布纵棱；颊鳞 4 枚，前后各 2 枚；上睫鳞 5 ~ 7 枚；眶上鳞 4 枚；颞鳞不分化；上唇鳞 5 ~ 6 枚，第 4 枚最大；下唇鳞 4 ~ 7 枚；颏鳞大；后颏鳞 1 枚；颌片 3 对；背、侧、腹均为覆瓦状排列的圆鳞，环体中段鳞 29 ~ 35 行；背鳞和侧鳞明显起棱，前后缀成行；四肢背面鳞亦具棱；腹鳞大于背鳞，沿腹中线具 39 ~ 47 枚，平滑无棱；体侧鳞最小，棱尖斜向后方；肛前鳞 2 枚；尾下正中 1 行鳞略扩大。前后肢贴体相向时达肘部；尾长略大于头体长。液浸标本通体棕褐色，体背及尾背具镶黑边的“V”形白色横斑；体侧具边缘带黑色的白色大斑点；腹部灰白色，有些个体腹面特别是头部腹面满布黑色或棕褐色斑纹；再生尾黑色。

识别要点 颊鳞 4 枚；上唇鳞 5 ~ 6 枚，第 4 枚最大；额鳞和额鼻鳞完整；背鳞明显起棱。

生　　境 常见于海拔 640 ~ 740 m 的山区小溪流边阴暗潮湿处。

生活习性 常在白天活动。主要以昆虫为食。卵生。

濒危和保护等级

IUCN 濒危物种红色名录（2022-1）：无危（LC）

中国生物多样性红色名录（2021）：无危（LC）

国家重点保护野生动物名录保护级别（2021）：无

63 光蜥　*Ateuchosaurus chinensis*

英 文 名　Chinese Short-limbed Skink

别　　名　中国光蜥

分类地位　有鳞目(Squamata)、蜥蜴亚目(Lacertilia)、石龙子科(Scincidae)、光蜥属(*Ateuchosaurus*)

形态特征　全长15～19 cm。吻短，前端钝圆；鼻孔位于鼻鳞中央，鼻大而圆；眼小，眼睑发达，瞳孔圆形；耳孔内陷，鼓膜小；额鼻鳞单枚，宽大于长，与吻鳞和额鳞相接；前额鳞1对位于头部两侧；额鳞长，中部两侧内凹；额顶鳞1对，彼此不相接；顶鳞在额鳞后缘相接。无颈鳞。眶上鳞4枚，第3枚最大；颊鳞2枚；上唇鳞6枚，第4枚大，为长方形，位于眼的下方；下唇鳞6枚；环体中段鳞29～30行；腹面鳞片光滑无棱，大小与背鳞相似，无扩大的肛前鳞；尾部腹面鳞片大小一致。四肢短小，前后肢贴体相向时，相隔约1个前肢长；指、趾短而圆，掌跖部具粒鳞。背面黑褐色，每个鳞片上具小黑点，在体背断续成行；颈部黑斑明显；体侧淡黄红灰色，鳞片前缘黑斑明显；腹面浅棕色。

识别要点　体形较粗壮，四肢短小，前后肢贴体相向时相距甚远；无上鼻鳞；鼓膜小而深陷；额鳞较长，中部缢缩；无扩大的肛前鳞。

生　　境　常见于海拔225～500 m低山区的树下落叶间及住宅周围竹林下或草丛地带。

生活习性　主要以昆虫为食。卵生，窝卵数5～6枚。

濒危和保护等级

IUCN濒危物种红色名录（2022-1）：无危（LC）

中国生物多样性红色名录（2021）：无危（LC）

国家重点保护野生动物名录保护级别（2021）：无

64 古氏草蜥 *Takydromus kuehnei*

英文名　Kuhne's Grass Lizard

别　名　台湾地蜥

分类地位　有鳞目（Squamata）、蜥蜴亚目（Lacertilia）、蜥蜴科（Lacertian）、草蜥属（*Takydromus*）

形态特征　全长 25 cm 左右。头部窄长；头长几乎为头宽的 2 倍；吻端钝圆；眼大；耳孔直立，鼓膜凹陷；吻鳞宽而高；鼻鳞在吻后尖部相接；额鳞、顶鳞正中各具一明显纵棱；眶上鳞 4 枚，中间 2 枚最大；鼻鳞 1 枚；颊鳞 2 枚，第 2 枚明显大于第 1 枚；颞区为平滑而窄长的粒鳞，靠近顶鳞处具 1 枚较大鳞片；上唇鳞 8 枚，第 6 枚最大；下唇鳞 7 枚；颏鳞长大于宽；颌片 4 对。躯干背面为覆瓦状排列的起棱大鳞；体侧被覆粒鳞或小棱鳞；躯干腹面为覆瓦状排列的大鳞，排列为 6 纵行，两侧起棱，中央 4 行平滑。前肢腹面被粒鳞，背面圆鳞起棱；后肢腹面为大型圆鳞，股后粒鳞，背面为起棱圆鳞。肛前鳞中央 1 枚最大，两侧各 1 枚较小。四肢较纤弱；指、趾细长，末节侧扁，略呈弓形；指、趾具爪，爪位于背腹 2 枚鳞片之间。尾圆柱形，基部较膨大，末端尖细。液浸标本头背、体背及尾背面前部暗褐色，四肢背面浅褐色带黑斑，尾背大部分浅褐色。

识别要点　体背覆起棱大鳞，排成纵行；体侧被覆粒鳞或小棱鳞；指、趾末节侧扁，略呈弓形。

生　境　常见于海拔 1 000 m 以下热带、亚热带山区的树林中或草丛地带。

生活习性　营树栖和地栖生活。主要以昆虫为食。

濒危和保护等级

IUCN 濒危物种红色名录（2022-1）：无危（LC）

中国生物多样性红色名录（2021）：无危（LC）

国家重点保护野生动物名录保护级别（2021）：无

65 圆鼻巨蜥 *Varanus salvator*

英文名 Common Water Monitor

别　名 巨蜥

分类地位 有鳞目（Squamata）、蜥蜴亚目（Lacertilia）、巨蜥科（Varanidae）、巨蜥属（*Varanus*）

形态特征 大型蜥蜴，全长 1 ~ 2 m，体重达 30 kg。体壮，略扁平；头窄长，略呈三角形；头与颈间具明显的弧形缢痕；耳孔椭圆形，鼓膜可见；吻较长，吻端圆；眶上脊发达；鼻孔大，圆形或椭圆形，周围具 10 枚小鳞；眼下与上唇鳞间具 3 排小鳞；头背鳞片较大，六边形；眶上鳞较宽；枕部鳞片稍小；颞区鳞片较小；全身被粒鳞；躯干和四肢背面鳞片起棱，略呈菱形；胸部向前，鳞片渐小；胸部往后至胯前鳞片长方形。尾侧扁，尾基较粗，往后渐细，尾背由 2 行并列的鳞片形成棱脊；尾末端圆钝，坚硬而上翘。腋胯间具黄色圆斑构成的环纹，每环纹间散有小黄点。头、躯干背面均为黑褐色，散有黄色小点或黄色纹；腹面一般为黄色；四肢粗壮，爪长而坚硬。四肢色斑与躯干相似。

识别要点 大型蜥蜴。头窄长，略呈三角形；鼻孔大，圆形或椭圆形；四肢粗壮。

生　境 常栖息于海拔 200 m 左右山区的溪流及水塘附近，以及沿海的河口、水库等附近。

生活习性 以陆地生活为主。主要以蛙、鱼及小型兽类为食，也捕食鸟、鸟卵及动物尸体。卵生，夏季产卵于岸边土内或树洞内，窝卵数 10 ~ 30 枚。

濒危和保护等级

IUCN 濒危物种红色名录（2022-1）：无危（LC）

中国生物多样性红色名录（2021）：极危（CR）

国家重点保护野生动物名录保护级别（2021）：国家一级

66 斑飞蜥 *Draco maculatus*

英文名 Spotted Flying Dragon

别　名 飞蜥

分类地位 有鳞目（Squamata）、蜥蜴亚目（Lacertilia）、鬣蜥科（Agamidae）、飞蜥属（*Draco*）

形态特征 全长 15 ~ 23 cm。头大小适中，吻长与眼眶直径相等或略长；鼻孔位于鼻鳞上；鼓膜被鳞。头背面两眼间、躯干及尾背面均具黑色横斑；腹面黄白色。咽喉下方和颈侧具囊褶，翼膜背面橙黄色或橘红色，散布许多粗大的黑色斑点，翼膜腹面灰白色；喉囊浅黄褐色，颈侧囊褶腹面红棕色或黄色。头背面被覆大小不一的棱鳞；吻棱及眶前区鳞侧扁而直立；喉囊与颈侧囊相连，雄性喉囊上覆以与腹鳞等大的鳞片，喉囊褶比头长，末端钝尖，雌性喉囊三角形。体侧具由 5 条延长的肋骨支撑的翼状皮膜。背鳞大小不一致，腹鳞具强棱；背侧具 1 列间隔较宽的扩大的棱鳞；前肢前伸指端超过吻端；四肢较扁平，侧缘鳞片较长大，形成栉状缘；指、趾细长，侧扁，两侧具由突出鳞片形成的栉状缘。尾细长，被棱鳞，尾基部较膨大。雄性具不发达的颈褶。

识别要点 体侧具翼状皮膜；头体背面鳞片大小不一；腹面鳞较大，具棱；咽喉下方和颈侧具囊褶，雄性个体喉囊褶比头长，末端钝尖；雌性个体喉囊褶小，呈三角形。

生　境 常见于热带亚热带森林中或低矮的山林边缘。

生活习性 营树栖生活。在树上觅食时翼膜像扇子一样折向体侧背方，滑翔时翼膜展开由高处飞向低处。主要以昆虫为食。5 ~ 6 月产卵于地洞或树洞内，窝卵数 2 ~ 8 枚。

濒危和保护等级

IUCN 濒危物种红色名录（2022-1）：无危（LC）

中国生物多样性红色名录（2021）：无危（LC）

国家重点保护野生动物名录保护级别（2021）：无

67 丽棘蜥　*Acanthosaura lepidogaster*

英 文 名　Brown Pricklenape

别　　名　十字领蜥、七步跳、丽毗蜥

分类地位　有鳞目(Squamata)、蜥蜴亚目(Lacertilia)、鬣蜥科(Agamidae)、棘蜥属(*Acanthosaura*)

形态特征　全长 20 ~ 25 cm，体粗壮。头体长小于尾长；背腹略扁平；吻钝圆；头顶前部较平；头背部鳞片大小几乎一致，仅中央具数枚略大鳞片；眼大，两眼间略凹陷；吻棱明显；眼后棘 1 枚，长度约为眼径的一半；鼻孔位于吻棱下方；鼓膜裸露，其上方具一发达的棘，其下方具一小棘。头后两侧各具 1 枚明显的枕棘，上唇鳞 10 ~ 14 枚，下唇鳞 10 ~ 13 枚；颏鳞三角形，由颏鳞至口角具 2 ~ 3 行棱鳞与下唇鳞平行排列。颈鬣 5 ~ 9 枚，背鬣较颈鬣低矮，呈锯齿状，两者不连续；背鬣自前至后逐渐变小。体鳞大小不一；腹鳞比背鳞大，明显起棱。后肢贴体前伸时达吻眼之间。尾细长而侧扁，基部膨大，雄性尾基腹面突起。尾长约为头体长的 1.5 倍，尾背具黑褐色横斑。

识别要点　眼后棘 1 枚；体鳞大小不一；颈鬣发达，与背鬣不连续；后肢贴体前伸时达吻眼之间；尾背具黑褐色横斑。

生　　境　常见于海拔 400 ~ 1 200 m 山区林下的路旁、溪边、灌丛下及林下落叶处。

生活习性　行动迅速，爬行时常四肢触地，身体略举起。繁殖期 6 ~ 8 月。

濒危和保护等级

IUCN 濒危物种红色名录（2022-1）：无危（LC）

中国生物多样性红色名录（2021）：无危（LC）

国家重点保护野生动物名录保护级别（2021）：无

68 变色树蜥 *Calotes versicolor*

英 文 名 Changeable Lizard

别　　名 雷公马、变色龙

分类地位 有鳞目（Squamata）、蜥蜴亚目（Lacertilia）、鬣蜥科（Agamidae）、树蜥属（*Calotes*）

形态特征 全长 24 ~ 40 cm。头长大于头宽；吻钝圆而扁平，吻棱及上睫脊明显；鼻孔位于吻棱下方；眼眶直径小于眼耳间距，鼓膜裸露。头背面鳞片平滑或微弱起棱；头侧鼓膜上方具 2 枚分散的棘鳞；眼至耳部具一排（4 ~ 5 枚）大棱鳞，鼓膜后上方具一丛刺鳞；上下唇鳞均为 9 ~ 11 枚；颏鳞两侧各具 4 ~ 5 枚大鳞；咽鳞与腹鳞等大或略大，具强棱。鬣鳞侧扁而发达，颈鬣与背鬣相连续，体后呈锯齿状，鬣鳞至尾部逐渐消失。背鳞大小一致，具强棱，大于腹鳞；鳞尖向后上方；腹鳞大小一致，具强棱；环体中段鳞 38 ~ 48 行。四肢适中，后肢贴体前伸时最长趾端达鼓膜或眼。雄性颞部隆肿，尾基部膨大，生殖季节具一小喉囊。尾细长而略侧扁，基部粗壮，鳞具强棱。背面浅褐色、灰色或具黑褐色横点或短线纹；眼眶四周具 6 ~ 8 条黑色辐射纹。幼体和雌性常具 2 条黄色背侧纹，尾部具深浅相间的环纹。腹面浅白色，常具黑色或黑褐色条纹。体色可随环境温湿度及光照强度深浅变化。

识别要点 背鳞大于腹鳞，棱尖向后上方；眼眶四周有 6 ~ 8 条黑色辐射纹。

生　　境 常见于海拔 80 ~ 1 300 m 热带亚热带地区的林下、山坡河边、路旁的草丛或树干上。

生活习性 常攀缘上树。爬行时头常扬起。晚上常以四肢抱握树枝倒悬休息。主要以蝗虫、蚂蚁、蝇、蜻蜓、螳螂、蜘蛛、蝴蝶、蟋蟀、小型鞘翅目昆虫为食。4 ~ 9月产卵，窝卵数 5 ~ 6 枚。

濒危和保护等级

IUCN 濒危物种红色名录（2022-1）：无危（LC）

中国生物多样性红色名录（2021）：无危（LC）

国家重点保护野生动物名录保护级别（2021）：无

69 细鳞拟树蜥 *Pseudocalotes microlepis*

英 文 名 Burmese False Bloodsucker

别　　名 无

分类地位 有鳞目(Squamata)、蜥蜴亚目(Lacertilia)、鬣蜥科(Agamidae)、拟树蜥属(*Pseudocalotes*)

形态特征 全长 18 ~ 24 cm，体躯细长侧扁。头背平直，头长与宽几乎相等，鳞片大、起棱并散布锥鳞，吻长超过眼耳间距；上下眼睑密布小粒鳞，眼后具 5 枚深色起棱大鳞；吻鳞大，宽为高的 3 倍，鼻眼距等于鼓膜到眼的距离，鼻鳞大，向外突出，鼻孔圆形，侧位与第 1 枚上唇鳞相接；上唇鳞 7 ~ 10 枚，下唇鳞 6 ~ 9 枚；鼓膜裸露，下陷；颈棘 4 ~ 6 枚，脊鳞较大并起强棱，棱尖向后，环体中段鳞 62 ~ 73 行。四肢较发达，后肢贴体前伸时达肩部，四肢背面鳞片较体鳞大；指、趾侧扁，末端具爪；尾细长，约为头体长的 2 倍，尾背鳞片较大，起强棱。生活时体背浅灰色，颈两侧棕褐色，背鳞具不规则的小斑点，下唇鳞色较浅淡，杂黑色点斑；腹部较背部色淡。

识别要点 头长与宽几乎相等；上下眼睑密布小粒鳞，脊鳞较大并起强棱，棱尖向后，环体中段鳞 62 ~ 73 行。

生　　境 常见于海拔 600 ~ 800 m 的山区。

生活习性 主要以昆虫为食。卵生，繁殖期 6 ~ 8 月。

濒危和保护等级

IUCN 濒危物种红色名录（2022-1）：未评估（NE）

中国生物多样性红色名录（2021）：无危（LC）

国家重点保护野生动物名录保护级别（2021）：无

70 钩盲蛇 *Indotyphlops braminus*

英 文 名 Brahminy Blind Snake

别　　名 盲蛇、铁丝蛇

分类地位 有鳞目（Squamata）、蛇亚目（Serpentes）、盲蛇科（Typhlopidae）、印度盲蛇属（*Indotyphlops*）

形态特征 全长 6 ~ 17 cm，体形似蚯蚓。头颈不分；身体圆柱形。吻端钝圆而略扁；鼻孔侧位，其后鳞沟常接眼前鳞；眼明显，呈一小的黑点，隐于眼鳞之下或眼鳞与眼上鳞结合部；口位于吻端腹面。头部背面正中依次具吻鳞、前额鳞（两侧为眶上鳞）、额鳞、顶间鳞（额鳞与顶间鳞两侧为顶鳞）；头侧依次具鼻鳞（完全裂为两半）、眼前鳞（其下具一黑色点，即退化的眼）、眼后鳞（较小）；吻端腹面口的上缘有 4 对上唇鳞。通身被覆大小相似的圆鳞，环体一周鳞片 20 枚；无较大的腹鳞；尾下鳞 8 ~ 14 枚，以 10 ~ 12 枚为多。尾极短，末端尖硬。整体黑褐色，背面颜色较深，腹面颜色较浅，具金属光泽；头部棕褐色；尾尖，色浅淡。

识别要点 体形似蚯蚓；整体黑褐色，背面色深，腹面色浅，具金属光泽。

生　　境 常见于丘陵、山区。穴居于疏松土壤中、花盆缸钵下、路边石下、屋基边、竹林下等阴湿环境。

生活习性 主要以双翅目昆虫的蛹，各虫态蚁类等为食。孤雌生殖。

濒危和保护等级

IUCN 濒危物种红色名录（2022-1）：无危（LC）

中国生物多样性红色名录（2021）：无危（LC）

国家重点保护野生动物名录保护级别（2021）：无

71 大盲蛇 *Argyrophis diardii*

英 文 名　Diard’s Blind Snake

别　　名　两头蛇

分类地位　有鳞目（Squamata）、蛇亚目（Serpentes）、盲蛇科（Typhlopidae）、东南亚盲蛇属（*Argyrophis*）

形态特征　全长 30 cm 左右，体形似蚯蚓。眼明显，通常位于眼鳞下；吻鳞宽大，约占头宽的 1/3；鼻鳞未被鳞沟完全分为两半；尾末端尖出呈刺状。上唇鳞 4 枚，眶前鳞 1 枚，与第 2、第 3 枚上唇鳞相切，眶上鳞 1 枚；眼鳞 1 枚，眼隐于其下，与第 3、第 4 枚上唇鳞相切；环体鳞 28 ~ 28（26）~ 24（26）行。背面浅棕色或棕黑色，向体侧色渐淡；腹面棕灰色、浅黄色或灰褐色，具金属光泽。

识别要点　体形似蚯蚓。眼明显，通常位于眼鳞下；尾末端尖出呈刺状；背面浅棕色或棕黑色。

生　　境　常见于潮湿疏松的土壤中，也见于倒木中、石块下。

生活习性　营穴居生活，夜间活动。主要以蚯蚓、白蚁等动物为食。卵胎生。

濒危和保护等级

IUCN 濒危物种红色名录（2022-1）：无危（LC）

中国生物多样性红色名录（2021）：数据缺乏（DD）

国家重点保护野生动物名录保护级别（2021）：无

72 蟒蛇 *Python bivittatus*

英文名 Burmese Python

别　名 缅甸蟒、蚺

分类地位 有鳞目（Squamata）、蛇亚目（Serpentes）、蟒科（Pythonidae）、蟒属（*Python*）

形态特征 大体型无毒蛇，体长 3 ~ 5 m。头颈部背面具 1 个暗棕色矛形斑，头侧具 1 条自鼻孔开始，经眼前鳞、眼斜向口角的黑色纵斑；眼下具 1 条向后斜向唇缘的黑纹；下唇鳞略具黑褐色斑；头部腹面黄白色；体背棕褐色、灰褐色或黄色，体背及两侧均具大块镶黑边的云豹状斑纹，体腹黄白色。头小，吻端较平扁，吻鳞宽大于高；额鳞成对；眼中等大；头顶、颞部均为较小的鳞片；第 1、第 2 上唇鳞具唇窝；体鳞光滑无棱；肛鳞完整；泄殖肛孔两侧具爪状后肢残迹。

识别要点 体背棕褐色、灰褐色或黄色，体背及两侧具镶黑边的云豹状斑纹。

生　境 常见于热带、亚热带常绿阔叶林或常绿阔叶藤本灌木丛及合适的洞穴内。

生活习性 喜攀缘树上或浸泡水中。白天、晚间均具捕食行为，多夜晚捕食。主要以两栖爬行动物、鸟类、小型兽类等为食。交配期通常在 3 ~ 8 月，卵生，雌性具护卵行为。

濒危和保护等级

IUCN 濒危物种红色名录（2022-1）：易危（VU）

中国生物多样性红色名录（2021）：极危（CR）

国家重点保护野生动物名录保护级别（2021）：国家二级

73 海南脊蛇 *Achalinus hainanus*

英 文 名 Hainan Odd-scaled Snake

别　　名 无

分类地位 有鳞目(Squamata)、蛇亚目(Serpentes)、闪皮蛇科(Xenodermidae)、脊蛇属(*Achalinus*)

形态特征 小体型无毒蛇类，全长30 cm左右。体细长，头颈区分不明显；眼中等大小，眼径约等于其下缘到口缘的距离，瞳孔近圆形。鼻间鳞沟长于前额鳞沟；顶鳞长，以其前外侧楔入眶上鳞与前颞鳞间，入眶的后上方或不入眶；颊鳞1枚，甚大，前接鼻鳞，后入眶；无眶前鳞和眶后鳞；颞鳞1+2+3枚，两侧后颞鳞的上枚在顶鳞之后相切甚多；上唇鳞6枚，由前向后依次增大，第6枚最长，几乎为前5枚之和；下唇鳞5枚；颔片2对，几乎等大，略近方形。背鳞通身23行；肛鳞完整；尾下鳞单行。液浸标本吻端及头背蓝灰色；颞部及上下唇缘棕灰色；躯干及尾背较头背色略浅；腹面浅灰白色，腹鳞基部色较深；通身具金属光泽。

识别要点 体细长，头颈区分不明显；颞鳞前、中、后3列，左右上枚后颞鳞在顶鳞之后相切甚多；通身具金属光泽。

生　　境 常见于海拔750 ~ 800 m的热带、亚热带森林灌丛。

生活习性 穴居或隐匿生活。

濒危和保护等级

IUCN濒危物种红色名录（2022-1）：易危（VU）

中国生物多样性红色名录（2021）：易危（VU）

国家重点保护野生动物名录保护级别（2021）：无

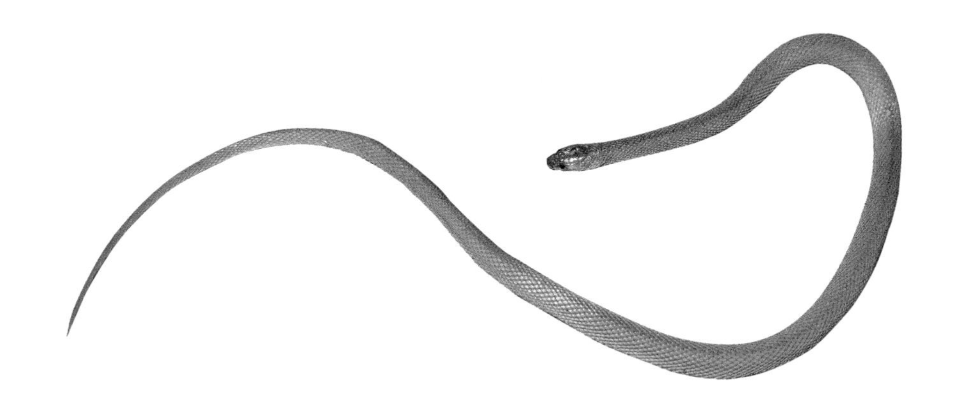

74 棕脊蛇 *Achalinus rufescens*

英文名　Rufous Burrowing Snake

别　名　无

分类地位　有鳞目（Squamata）、蛇亚目（Serpentes）、闪皮蛇科（Xenodermidae）、脊蛇属（*Achalinus*）

形态特征　小体型无毒蛇，全长 30 ~ 50 cm。头较小，与颈区分不明显。鼻间鳞沟远长于前额鳞沟；眼较小，瞳孔略呈椭圆形，眼径等于其下缘到口缘的距离；顶鳞长度大于其前各鳞长度之和；颊鳞 1 枚，入眶；无眶前鳞及眶后鳞；颞鳞 2+2（3）枚，2 枚前颞鳞均入眶或仅上枚入眶；上唇鳞 6 枚，个别 5 枚，第 1 枚最小，往后依次增大，最后 1 枚长度几乎等于前 5 枚之和；下唇鳞 5 枚，个别 6 枚；颌片 2 对或 3 对。背鳞披针形，具金属光泽，通身 23 行，均具棱或仅最外行平滑而扩大；腹鳞 138 ~ 165 枚；肛鳞完整；尾下鳞单行，63 ~ 75 枚。背面棕褐色，具一深色脊纹，占脊鳞及其两侧各半行背鳞宽；腹面米黄色。

识别要点　头较小，与颈区分不明显；背面棕褐色，具一深色脊纹，占脊鳞及其两侧各半行背鳞宽；腹面米黄色。

生　境　常见于丘陵或山区。

生活习性　穴居或隐匿。主要以蚯蚓为食。卵生。

濒危和保护等级

IUCN 濒危物种红色名录（2022-1）：无危（LC）

中国生物多样性红色名录（2021）：无危（LC）

国家重点保护野生动物名录保护级别（2021）：无

75 缅甸钝头蛇　*Pareas hamptoni*

英 文 名　Hampton's Slug-eating Snake

别　　名　无

分类地位　有鳞目（Squamata）、蛇亚目（Serpentes）、钝头蛇科（Pareidae）、钝头蛇属（*Pareas*）

形态特征　小体型略偏大无毒蛇，全长 30 ～ 60 cm。头大，颈细，吻端钝圆。颊鳞 1 枚，不入眶；眶前鳞 1 枚，眶前下鳞 1 枚，眶后鳞 1 ～ 3 枚，另具一眶下鳞自眶后半沿眼下向前延伸至眼前下角；颞鳞 2+3 枚（或一侧 2+2 枚）；上唇鳞 7 枚（或一侧 8 枚或 9 枚），均不入眶；下唇鳞 7 枚或一侧为 8 枚。颌片 3 对；背鳞通身 15 行，中央 3 行略扩大，除脊鳞明显起微棱和后段中央 3 ～ 5 行隐约具棱外，其余均平滑无棱；肛鳞完整。头背密布黑褐色粗点斑，上下唇鳞沟黑褐色；眼后具 2 条细黑线纹，一条自眼上角直向眼后达颈背，另一条自眼下角斜向口缘，再沿口缘延至口角；颈侧具 2 条黑色粗纵纹。背面黄褐色，因部分背鳞黑褐色或仅鳞沟黑褐色，形成数十个不规则排列的黑褐色横纹，其余背鳞散布深褐色细点。腹面淡黄色，散布较多深褐色细点，以腹鳞两外侧为多，中央极少。

识别要点　头大，颈细，吻端钝圆；颊鳞不入眶；背面黄褐色，具多数不规则黑褐色横纹。

生　　境　常见于海拔 350 ～ 850 m 山区农耕地和林地附近。

生活习性　夜间活动。主要以蜗牛、蛞蝓等软体动物为食。卵生。

濒危和保护等级

IUCN 濒危物种红色名录（2022-1）：无危（LC）
中国生物多样性红色名录（2021）：近危（NT）
国家重点保护野生动物名录保护级别（2021）：无

76 横纹钝头蛇 *Pareas margaritophorus*

英文名 White-spotted Slug Snake

别名 无

有鳞目（Squamata）、蛇亚目（Serpentes）、钝头蛇科（Pareidae）、钝头蛇属（*Pareas*）

形态特征 小体型略偏大的无毒蛇，全长 30 ~ 50 cm。头较大，吻端钝圆，头颈区分明显。颊鳞 1 枚，不入眶；前额鳞弯向头侧，不入眶，眶前鳞 1 枚或 2 枚，眶后鳞与眶下鳞分别为 1 枚或两者愈合为一，甚长，沿眼下向前延伸至眶前下方；颞鳞多为 2+3 枚；上唇鳞以 7 枚为主，少数为 6 枚，不入眶；下唇鳞 6 ~ 9 枚，第 1 对在颏鳞之后不相遇或相接，前 3 ~ 5 枚与前颌片相接；颌片 3 对，第 1 对颌片较长；背鳞通身 15 行，均平滑无棱或中央 5 ~ 11 行起棱；腹鳞 137 ~ 161 枚；肛鳞完整；尾下鳞 39 ~ 58 对。背面紫褐色，许多背鳞前半白色而后半黑色，构成不规则横纹。头背密布黑褐色细点，头腹白色，散布黑色斑纹；眼后具 2 道粗黑纹，一条自眼后下角斜向口角，另一条自眼后上缘向后到颌角形成一弯再向前弯曲；颈背具 1 个略呈“山”字形的粗大黑斑，其两缺凹间白色，成为两团白色枕斑。

识别要点 头较大，吻端钝圆，头颈区分明显，前额鳞不入眶；背面紫褐色。

生　　境 常见于海拔 800 m 以下山区农耕地和林地附近。

生活习性 夜间活动。主要以蜗牛、蛞蝓等软体动物为食。卵生。

濒危和保护等级

IUCN 濒危物种红色名录（2022-1）：无危（LC）

中国生物多样性红色名录（2021）：近危（NT）

国家重点保护野生动物名录保护级别（2021）：无

77 原矛头蝮　*Protobothrops mucrosquamatus*

英 文 名　Brown Spotted Pitviper

别　　名　烙铁头

分类地位　有鳞目(Squamata)、蛇亚目(Serpentes)、蝰科(Viperidae)、原矛头蝮属(*Protobothrops*)

形态特征　头侧具颊窝的管牙类毒蛇，全长 1 m 左右。头呈三角形，较狭长，与颈区分明显；头侧眼与鼻孔间具颊窝；吻端钝圆；头背被覆细小粒鳞；眼后具 1 条暗紫褐色纵纹；背面棕褐色或红褐色，正背具 1 行粗大镶浅黄色细边的暗紫色逗点状斑，前后断开或连续呈波浪状纵脊纹；体侧各具 1 行暗紫色斑；腹面浅褐色，密布暗褐色细点，织成网纹。

识别要点　头呈长三角形；头背被覆小鳞片；头侧眼与鼻孔间具颊窝。

生　　境　常见于竹林、灌丛、溪流边和农田路旁。

生活习性　夜间觅食。主要以蛙类、鸟类、鼠类等动物为食。编者记录到 1 号标本产卵 7 枚。

濒危和保护等级

IUCN 濒危物种红色名录（2022-1）：无危（LC）

中国生物多样性红色名录（2021）：无危（LC）

国家重点保护野生动物名录保护级别（2021）：无

78 福建竹叶青蛇 *Viridovipera stejnegeri*

英 文 名 Stejneger's Pit Viper

别　　名 竹叶青蛇

分类地位 有鳞目（Squamata）、蛇亚目（Serpentes）、蝰科（Viperidae）、绿蝮属（*Viridovipera*）

形态特征 中小体型管牙类毒蛇，全长 1 m 左右。头大，三角形；颈细，与头区分明显；头背被覆细小粒鳞，眶上鳞与鼻间鳞稍大；鼻间鳞位于吻背，头侧鼻鳞较大，鼻孔侧位；眼略小，瞳孔直立椭圆形；鼻孔与眼之间具一深凹的颊窝，颊窝上方具上下 2 枚窄长的窝上鳞，其下方具 1 枚窄长的窝下鳞；尾背及尾末端焦红色；腹面浅黄白色。上唇鳞 8 ~ 12 枚，第 1 枚较小，与鼻鳞完全分开或局部愈合。头背绿色，上唇稍浅，眼呈红色，头腹浅黄白色。

识别要点 头三角形，被小鳞片；眼与鼻孔之间具颊窝；鼻鳞与第 1 上唇鳞完全分开或局部愈合；尾背及尾末端焦红色。

生　　境 常见于山区溪沟边、草丛、灌木上、竹林中、岩壁或石上以及各种水域附近。

生活习性 傍晚或夜间最活跃。主要以蛙、蝌蚪、蜥蜴、鸟及小型哺乳动物为食。卵胎生。

濒危和保护等级

IUCN 濒危物种红色名录（2022-1）：无危（LC）

中国生物多样性红色名录（2021）：无危（LC）

国家重点保护野生动物名录保护级别（2021）：无

79 白唇竹叶青蛇　*Trimeresurus albolabris*

英 文 名　White-lipped Tree Viper

别　　名　无

分类地位　有鳞目（Squamata）、蛇亚目（Serpentes）、蝰科（Viperidae）、竹叶青属（*Trimeresurus*）

形态特征　中等体型管牙类毒蛇，体长 74 ~ 110 cm。头大，三角形；颈细。头被覆细小粒鳞，眶上鳞与鼻间鳞稍大；左右眶上鳞之间具一横排小鳞；眼略小；鼻孔与眼间具颊窝，其上方具上下 2 枚窄长的窝上鳞，其下方具 1 枚窄长的窝下鳞；上唇鳞 9 ~ 12 枚，第 1 枚小，与鼻鳞完全或局部愈合；颊窝前鳞与其前的鼻鳞相接，其间无小鳞相隔；颊鳞 1 枚；眶后鳞 2 枚，另具 1 枚沿眼向前延伸的眶后下鳞，与窝下鳞相接；眶下鳞与上唇鳞间具 1 排或 2 排小鳞；下唇鳞 11 ~ 14 枚；颔片 1 对。背鳞 21 - 21 - 15 行；腹鳞 155 ~ 161 枚；肛鳞完整；尾下鳞双行。头背绿色；头腹下唇鳞、颏鳞及颔片前端色深，其余均为白色。背面绿色，两侧最外行正中具 1 条白色或黄白色线纹；腹面浅黄色。尾背及尾末段焦红色。

识别要点　头三角形，被细小鳞片；眼与鼻孔间具颊窝。鼻鳞与第 1 上唇鳞完全或局部愈合；体两侧具 1 条白色或黄白色线纹。

生　　境　常栖息于海拔 150 ~ 500 m 平原或低山区水域附近的草丛中或灌木丛中。

生活习性　昼夜均可见。主要以鼠类为食，也捕食蜥蜴和蛙类。卵胎生。

濒危和保护等级

IUCN 濒危物种红色名录（2022-1）：无危（LC）

中国生物多样性红色名录（2021）：无危（LC）

国家重点保护野生动物名录保护级别（2021）：无

80 中国水蛇 *Myrrophis chinensis*

英 文 名 Chinese Mud Snake

别　　名 中国沼蛇

分类地位 有鳞目（Squamata）、蛇亚目（Serpentes）、水蛇科（Homalopsidae）、沼蛇属（*Myrrophis*）

形态特征 中等体型后沟牙类毒蛇，全长 50 ~ 70 cm。头略大，与颈可区分；鼻孔背位而小，位于较大鼻鳞的中部或略后，鼻鳞下沟达第 1 上唇鳞；鼻间鳞单枚，左右鼻鳞在吻鳞与单枚鼻间鳞之间以尖相接；眼较小，瞳孔圆形；体粗尾短。颊鳞 1 枚；眶前鳞 1（2）枚，眶后鳞 2 枚；颞鳞 1+2 枚；上唇鳞通常 7 枚，个别一侧 8 枚；下唇鳞 10 枚（9 ~ 11 枚）；颌片 1 对。背鳞平滑 23（25）- 23 - 21（17，19）行；腹鳞 134 ~ 155 枚；肛鳞二分（个别完整）；尾下鳞双行。头背棕褐色，上唇色浅，散布褐色斑；头腹污白色，散布褐色细点，尤以颏鳞及前部下唇鳞较为密集；背侧左右各具 2 行稀疏的黑色点斑，腹面呈黑红相间的横斑；体尾背面棕褐色；腹鳞较窄，约为体宽的一半，污白色（生活时土红色），基部约一半黑褐色，从整体看呈黑色横纹；尾下鳞污白色，基部或周缘黑褐色。

识别要点 眼较小，瞳孔圆形；左右鼻鳞在吻鳞与单枚鼻间鳞之间以尖相接；背侧左右各具 2 行稀疏的黑色点斑；腹面呈黑红相间的横斑。

生　　境 常见于海拔 82 ~ 780 m 平原、丘陵或山麓地区的溪流、池塘、水田或水渠。

生活习性 长年生活于淡水中，偶尔会离开水面。白天晚上均见活动。主要以鱼类、蛙类及甲壳动物为食。

濒危和保护等级

IUCN 濒危物种红色名录（2022-1）：无危（LC）

中国生物多样性红色名录（2021）：易危（VU）

国家重点保护野生动物名录保护级别（2021）：无

81 铅色水蛇 *Hypsiscopus plumbea*

英文名 Boie's Mud Snake

别　名 无

分类地位 有鳞目（Squamata）、蛇亚目（Serpentes）、水蛇科（Homalopsidae）、铅色蛇属（*Hypsiscopus*）

形态特征 小体型后沟牙类毒蛇，全长 35 ~ 55 cm。头略大；左右鼻鳞相接，鼻间鳞单枚且小，鼻孔背侧位；眼较小，瞳孔椭圆形；体粗尾短。颊鳞 1 枚；眶前鳞 1 枚（少数一侧 2 枚），眶后鳞 2 枚；颞鳞 1+2 枚（个别 1+1 枚，偶为 1+3 枚）；上唇鳞 8 枚，个别一侧 9 枚；下唇鳞 10 枚，第 1 对在颏鳞后相接；颔片 2 对；背鳞平滑，19 - 19 - 17（15）行；腹鳞 122 ~ 136 枚；肛鳞二分；尾下鳞 31 ~ 42 对。背面铅灰色无斑，腹面污白色；尾下鳞边缘铅灰色，左右尾下鳞相接处深色显著，前后串联形成尾腹面正中的 1 条深色折线纹。

识别要点 左右鼻鳞相接，鼻间鳞单枚且较小，鼻孔背侧位；背面铅灰色无斑，腹面污白色。

生　境 常见于海拔 450 m 以下的稻田、水塘、水库等静水水域。

生活习性 水栖。多在黄昏或夜晚活动。主要以小型蛙类、蝌蚪、小鱼为食。卵胎生。

濒危和保护等级

IUCN 濒危物种红色名录（2022-1）：无危（LC）

中国生物多样性红色名录（2021）：易危（VU）

国家重点保护野生动物名录保护级别（2021）：无

82 紫沙蛇 *Psammodynastes pulverulentus*

英 文 名 Common Mock Viper

别　　名 无

分类地位 有鳞目（Squamata）、蛇亚目（Serpentes）、屋蛇科（Lamprophiidae）、紫沙蛇属（*Psammodynastes*）

形态特征 中等体型略偏小后沟牙类毒蛇，全长 40 ~ 50 cm。头颈可区分，吻端平齐，吻棱明显；鼻孔小；眼较大。顶鳞前宽后窄呈倒三角形，颊鳞 1 枚；眶前鳞 2 枚；眶后鳞 2（3）枚；颞鳞 2+2 枚或 2+2+3 枚，个别 2+3 枚或一侧为 1+2 枚；上唇鳞 8 枚，下唇鳞 8 或 7 枚，前 3 对切前颌片；颌片 3 对；背鳞平滑，17 - 17 - 15 行（个别 13 行），脊鳞不扩大；腹鳞 141 ~ 177 行；肛鳞完整；尾下鳞双行，42 ~ 79 对；上颌齿每侧 12 枚。背面紫褐色，具不规则倒“V”形、镶暗紫色的浅褐色斑，有的仅具不规则排列的深棕色短折线，体侧具略呈深浅相间的纵纹；腹面淡黄色，密布紫褐色细点，或具紫褐色纵线或点线数行。

识别要点 吻端平齐；鼻孔小；眼较大；顶鳞前宽后窄呈倒三角形。

生　　境 常见于海拔 500 m 以下山区林阴下植物丰茂地带，也见于住宅附近路边或石缝内。

生活习性 白昼和傍晚均见外出活动。主要以蛙类、蜥蜴为食，偶食蛇类。卵胎生。

濒危和保护等级

IUCN 濒危物种红色名录（2022-1）：无危（LC）

中国生物多样性红色名录（2021）：无危（LC）

国家重点保护野生动物名录保护级别（2021）：无

83 银环蛇 *Bungarus multicinctus*

英文名 Many - banded Krait

别　名 白节蛇

分类地位 有鳞目（Squamata）、蛇亚目（Serpentes）、眼镜蛇科（Elapidae）、环蛇属（*Bungarus*）

形态特征 大体型前沟牙类毒蛇，全长 1 m 左右。躯干圆柱形；尾短，末端略尖细。头椭圆而略扁，吻端圆钝；吻鳞较宽而高；鼻孔大，鼻鳞后半与向前下方延伸的眶前鳞相接；眶前鳞 1 枚，眶后鳞 2 枚；颞鳞 1+2 枚；上唇鳞 7 枚，下唇鳞 7 枚，第 1 对在颏鳞后彼此相切，前 4 枚或前 3 枚切前颔片，第 4 枚最大；颔片 2 对，前对远大于后对；背鳞平滑，通身 15 行，脊鳞扩大呈正六边形；腹鳞 210 ~ 216 枚；肛鳞完整；尾下鳞单行，26 ~ 51 枚。头背黑色，枕及颈背具污白色的“A”形斑；背面黑色或黑褐色，通身背面具黑白相间的横纹；腹面白色。

识别要点 头椭圆而略扁；躯干圆柱形；尾短，末端略尖细。背面黑色或黑褐色，通身背面具黑白相间的横纹。背鳞平滑，通身 15 行，脊鳞扩大呈正六边形。

生　境 常见于海拔 140 ~ 500 m 的稻田、水域附近或坟地多灌木、杂草的洞穴或石缝中。

生活习性 夜间活动。主要以鱼、蛙等动物为食。卵生。

濒危和保护等级

IUCN 濒危物种红色名录（2022-1）：无危（LC）

中国生物多样性红色名录（2021）：易危（VU）

国家重点保护野生动物名录保护级别（2021）：无

84 眼镜王蛇 *Ophiophagus hannah*

英 文 名 King Cobra

别　　名 过山峰

分类地位 有鳞目(Squamata)、蛇亚目(Serpentes)、眼镜蛇科(Elapidae)、眼镜王蛇属(*Ophiophagus*)

形态特征 大体型毒蛇，全长 2 ~ 3 m。头椭圆形。头背除对称排列的 9 枚大鳞片外，顶鳞具 1 对较头背其余鳞片大的枕鳞；眶前鳞 1 枚，眶后鳞 3 枚；颞鳞 2+2 枚；上唇鳞 7 枚；下唇鳞 8 枚，前 4 枚切前颌片，后 4 枚极窄；颌片 2 对；背鳞平滑无棱，19 – 15 – 15 行；腹鳞 248 枚；肛鳞完整。头背浅棕褐色，鳞沟黑色；上唇颜色较头背浅淡，鳞沟颜色较浅淡；头腹白色无斑；颈部平扁略扩大；躯尾背面棕褐色，构成若干横斑，尾背黑色横斑特别明显；躯干腹面前段白色无斑，往后具黑褐色，躯干后段腹面全为黑色，尾腹除环绕一周的黑色环纹外，其余尾下鳞边缘均为黑色，形成无数黑色方格。

识别要点 颈部平扁略扩大，头背顶鳞正后具 1 对较大的枕鳞。

生　　境 常见于海拔 225 ~ 800 m 山区的林区边缘近水处、林区村落附近或隐匿于石缝、洞穴中。

生活习性 独居，行动敏捷。白天活动。主要以捕食蛇类为主，也可捕食鸟类与鼠类，甚至会捕食同类。遇到危险时会抬起身体的前 1/3。卵生，一般 6 月产卵，每次产卵 20 余枚，以落叶和枯枝筑巢穴；具护卵习性。

濒危和保护等级

IUCN 濒危物种红色名录（2022-1）：易危（VU）

中国生物多样性红色名录（2021）：濒危（EN）

国家重点保护野生动物名录保护级别（2021）：国家二级

85 海南华珊瑚蛇　*Sinomicrurus houi*

英 文 名　Hou's Coral Snake

别　　名　无

分类地位　有鳞目（Squamata）、蛇亚目（Serpentes）、眼镜蛇科（Elapidae）、华珊瑚蛇属（*Sinomicrurus*）

形态特征　中小型前沟牙类毒蛇。头较小，与颈区分不明显；躯干圆柱形，尾短，末端为坚硬的圆锥形尖鳞。头背黑色，前额具1条白色窄横纹；头背后部具2条对称的白色细纹，呈“八”字形，自额鳞一直延伸到颈部，且逐渐变宽。体背红褐色，具1枚约背鳞宽的镶金边的黑色横纹。腹面白色，具长短不等、宽窄不一的黑色横斑。背鳞平滑，通身15行。

识别要点　头背黑色，前额具1条白色窄横纹；头背后部具2条对称的白色细纹，呈“八”字形。

生　　境　常见于热带、亚热带常绿阔叶林下。

生活习性　性温顺。主要以蜥蜴和其他蛇类为食。

濒危和保护等级

IUCN濒危物种红色名录（2022-1）：无危（LC）

中国生物多样性红色名录（2021）：未评估（NE）

国家重点保护野生动物名录保护级别（2021）：无

86 福建华珊瑚蛇 *Sinomicrurus kelloggi*

英文名 Kellog' s Coral Snake

别　名 纹蛇

分类地位 有鳞目（Squamata）、蛇亚目（Serpentes）、眼镜蛇科（Elapidae）、华珊瑚蛇属（*Sinomicrurus*）

形态特征 中等体型偏小的前沟牙类毒蛇，全长 60 cm 左右。头较小，与颈区分不明显；躯干圆柱形。背面红褐色，具 1 枚鳞宽的黑色横纹 17 ~ 22+3 ~ 4 条；腹面白色，各腹鳞无或有长短不等的黑色横斑；无颊鳞；眶前鳞 1 枚，眶后鳞 2 枚；颞鳞 1+2 枚；上唇鳞 7 枚；下唇鳞 6 枚或 7 枚，前 4 枚或前 3 枚切前颌片；颌片 2 对；背鳞平滑，15 - 15 - 15 行；腹鳞 185 ~ 197 枚；肛鳞二分；尾下鳞 27 ~ 36 对；上颌齿前沟牙后无上颌齿。头背黑色，具 2 条黄白色横纹，前条细，横跨两眼，后条较粗，呈倒"V"形。

识别要点 头较小，与颈区分不明显；躯干圆柱形；头背黑色，具 1 条黄白色倒"V"形斑；背鳞通身 15 行。

生　境 常见于海拔 500 ~ 900 m 山区森林地区村舍间的路边。

生活习性 夜间活动。主要以蛇类、蜥蜴类为食。卵生，窝卵数 5 ~ 8 枚。

濒危和保护等级

IUCN 濒危物种红色名录（2022-1）：无危（LC）

中国生物多样性红色名录（2021）：易危（VU）

国家重点保护野生动物名录保护级别（2021）：无

87 过树蛇 *Dendrelaphis pictus*

英 文 名　Common Bronzeback

别　　名　藤蛇

分类地位　有鳞目（Squamata）、蛇亚目（Serpentes）、游蛇科（Colubridae）、过树蛇属（*Dendrelaphis*）

形态特征　中等体型无毒蛇，全长 1 m 以上。头较窄长，与颈区分明显；眼大，瞳孔圆形；躯尾细长，具缠绕性。颊鳞 1 枚，长为高的 2 倍；眶前鳞 2 枚，眶后鳞 2 枚；上唇鳞 9 枚，偶为 10 枚；下唇鳞 9 枚或 10 枚，前 4 枚或 5 枚切前颔片；前后颔片几乎相等。背鳞平滑，斜列，15 - 15 - 11 行，最外行较大；腹鳞 186 ~ 192 枚；肛鳞二分；尾下鳞双行。背面褐色或灰褐色，颈后及体侧杂具孔雀蓝色与棕色各半的鳞片；体侧最外 2 行背鳞乳黄色，上下镶黑边；腹鳞与尾下鳞乳黄色或黄绿色。

识别要点　背面褐色或灰褐色；颈后及体侧杂具孔雀蓝色与棕色各半的鳞片；体侧最外 2 行背鳞乳黄色，上下镶黑边；腹鳞与尾下鳞乳黄色或黄绿色。

生　　境　常见于海拔 80 ~ 500 m 山区乔木和灌丛，也见于林区房屋内。

生活习性　树栖。主要以蛙、蜥蜴为食。卵生。

濒危和保护等级

IUCN 濒危物种红色名录（2022-1）：无危（LC）

中国生物多样性红色名录（2021）：无危（LC）

国家重点保护野生动物名录保护级别（2021）：无

88 绞花林蛇 *Boiga kraepelini*

英 文 名 Square-headed Cat Snake

别　　名 绞花蛇

分类地位 有鳞目（Squamata）、蛇亚目（Serpentes）、游蛇科（Colubridae）、林蛇属（*Boiga*）

形态特征 大体型后沟牙类毒蛇，全长 1.2 m 左右。头大；躯体略侧扁；尾细长。颊鳞 1 枚；眶前鳞 1 枚，眶后鳞 2 枚；颞部鳞较小，不呈前后 2 列或 3 列；上唇鳞 9 枚，第 3 枚仅以后上角入眶，第 5 枚高；下唇鳞 14 枚或 13 枚，前 5 枚切前颌片；颌片 1 对；背鳞 23－23－15 行，排列成斜行，脊鳞不明显扩大，仅略大于相邻背鳞；腹鳞 245 枚；肛鳞二分；尾下鳞双行，148 对。通体背面灰褐色或浅紫褐色，躯尾正背具 1 行粗大而不规则、镶黄边的深棕色斑；头背两侧各具 1 条深棕色纵纹。

识别要点 颞部鳞较小，不成列；脊鳞不明显扩大，仅略大于相邻背鳞。

生　　境 常见于海拔 1 100 m 以下山区、丘陵，攀缘灌丛或低矮乔木上。

生活习性 夜晚活动。主要以鸟、鸟卵及蜥蜴为食。卵生，窝卵数 14 枚。

濒危和保护等级

IUCN 濒危物种红色名录（2022-1）：无危（LC）

中国生物多样性红色名录（2021）：无危（LC）

国家重点保护野生动物名录保护级别（2021）：无

89 繁花林蛇 *Boiga multomaculata*

英文名 Mang-spotted Cat Snake

别　名 繁花蛇

分类地位 有鳞目（Squamata）、蛇亚目（Serpentes）、游蛇科（Colubridae）、林蛇属（*Boiga*）

形态特征 中等偏大的后沟牙类毒蛇，全长 70 ~ 90 cm。头大；鼻孔大；眼大；躯尾细长；背脊起棱，体略侧扁。头背具 1 个深棕色尖端向前的“Λ”形斑，始自吻端，分支达枕部，另具 2 条深棕色纵纹，自吻端分别沿头侧经眼斜达颌角；头侧上、下唇鳞白色，鳞沟多暗褐色。颊鳞 1 枚；眶前鳞 1 枚，眶后鳞 2 枚；颞鳞 2+3 枚；上唇鳞 8 枚；下唇鳞 11 枚，前 5 枚切前颔片；颔片 2 对；背鳞 19 - 19 - 15 行，平滑无棱，脊鳞扩大呈六角形，其两侧背鳞较窄而排列成斜行；肛鳞完整；尾下鳞双行。通体背面浅褐色，背脊两侧各具 1 行深棕色粗大点斑，有 50 个左右，彼此交错排列，其外侧各具 1 行较小的深棕色点斑；腹鳞白色，散以疏密不同的极细褐色点组成淡褐色网纹，腹鳞中央偶具浅褐色斑。

识别要点 体中段背鳞 19 行，脊鳞扩大，其两侧背鳞排成斜行。

生　境 常见于林木茂盛的丘陵或山区。

生活习性 多夜晚外出活动；善攀缘。主要以鸟、蜥蜴为食。卵生，窝卵数 5 ~ 6 枚。

濒危和保护等级

IUCN 濒危物种红色名录（2022-1）：未评估（NE）

中国生物多样性红色名录（2021）：无危（LC）

国家重点保护野生动物名录保护级别（2021）：无

90 中国小头蛇 *Oligodon chinensis*

英文名 Chinese Kukri Snake

别　名 秤杆蛇

分类地位 有鳞目（Squamata）、蛇亚目（Serpentes）、游蛇科（Colubridae）、小头蛇属（*Oligodon*）

形态特征 中等体型无毒蛇，全长 50 cm 左右。头较小，与颈区分不明显；头背具略呈“人”字形的斑。颊鳞 1 枚（偶为 2 枚）；眶前鳞 1 枚（少数 2 枚，个别一侧为 3 枚），眶后鳞 2 枚（个别一侧为 3 枚）；前颞鳞 1 枚或 2 枚，后颞鳞 2 枚；上唇鳞 8 枚，少数 7 枚，个别 6 枚；下唇鳞 8 枚（7 ~ 9 枚），前 4 枚切前颌片；颌片 2 对，前对明显大于后对。背鳞平滑，17 - 17 - 15 行；腹鳞 158 ~ 206 枚；肛鳞完整；尾下鳞 45 ~ 73 对；上颌齿每侧 9 ~ 10 枚。头顶及颈背具黑褐色箭斑；吻背具 1 个略呈三角形的黑褐色斑，其两外侧经眼斜达第 5、第 6 上唇鳞；体尾背面褐色或灰褐色，具约等距排列的黑褐色粗横纹 14 ~ 20 条，粗横纹间具黑色细纹，有的个体背脊还具 1 条红黄色纵脊纹；腹面淡黄色，腹鳞具侧棱，棱处白色，整体呈白色纵纹。

识别要点 头较小，与颈区分不明显；头背具略呈“人”字形的斑；体尾背面具粗横纹；肛鳞完整。

生　境 常见于海拔 200 ~ 800 m 的丘陵、山区。

生活习性 主要以爬行动物的卵为食。

濒危和保护等级

IUCN 濒危物种红色名录（2022-1）：无危（LC）

中国生物多样性红色名录（2021）：无危（LC）

国家重点保护野生动物名录保护级别（2021）：无

91 紫棕小头蛇 *Oligodon cinereus*

英 文 名　Black－barred Kukri Snake

别　　名　棕秤杆蛇

分类地位　有鳞目（Squamata）、蛇亚目（Serpentes）、游蛇科（Colubridae）、小头蛇属（*Oligodon*）

形态特征　中等体型无毒蛇，全长 60 cm 左右。头较小，与颈区分不明显。颊鳞 1 枚；眶前鳞 1 枚或 2 枚，眶后鳞 2 枚；颞鳞 1（2）+2（1）枚；上唇鳞 8 枚，少数 7 枚，个别一侧 6 枚；下唇鳞 8 枚（7 ~ 9 枚），前 3（4）枚切前颌片；颌片 2 对。背鳞平滑，17－17－15 行；腹鳞 153 ~ 174 枚；肛鳞完整；尾下鳞 31 ~ 43 对。体尾背面紫褐色，因部分背鳞沟黑色，形成多数约等距排列的黑褐色横纹；腹面黄白色。

识别要点　头较小，与颈区分不明显；体尾背面紫褐色；肛鳞完整。

生　　境　常见于海拔 140 ~ 450 m 的山区石洞。

生活习性　主要以蜘蛛、昆虫为食。卵生。

濒危和保护等级

IUCN 濒危物种红色名录（2022-1）：无危（LC）

中国生物多样性红色名录（2021）：无危（LC）

国家重点保护野生动物名录保护级别（2021）：无

92 台湾小头蛇 *Oligodon formosanus*

英文名 Beautiful Kukri Snake

别　名 花秆杆蛇

分类地位 有鳞目（Squamata）、蛇亚目（Serpentes）、游蛇科（Colubridae）、小头蛇属（*Oligodon*）

形态特征 中等体型无毒蛇，全长 50 ~ 80 cm。头较小，与颈区分不明显；头背具略呈“灭”字形的斑。颊鳞 1 枚；眶前鳞 2（1）枚，眶后鳞 2 枚；颞鳞 1（2）+2 枚；上唇鳞 8 枚，个别 7 枚；下唇鳞 8 枚或 9 枚（个别 6 枚或 7 枚），前 3（4）枚切前颌片；颌片 2 对。背鳞平滑，19 - 19 - 17（15）行；腹鳞 155 ~ 189 枚；肛鳞完整；尾下鳞 40 ~ 60 对。体尾背面紫褐色，因部分背鳞缘黑色，形成多数约等距排列的黑褐色横纹，有的个体背面具 2 条红褐色纵线；腹面黄白色。

识别要点 头较小，与颈区分不明显；体前中段背鳞 19 行，肛鳞完整。头背具略呈“灭”字形的斑。体尾背面具由部分黑色背鳞缘形成的黑褐色横纹，部分个体背面具 2 条红褐色纵线。

生　境 常见于海拔 520 m 以下的平原、丘陵、山区地带的灌丛、石堆、草地、树林茂密且潮湿的环境、农田、山道、菜园。

生活习性 夜间活动，行动缓慢。主要以其他爬行动物的卵为食。卵生。

濒危和保护等级

IUCN 濒危物种红色名录（2022-1）：无危（LC）

中国生物多样性红色名录（2021）：近危（NT）

国家重点保护野生动物名录保护级别（2021）：无

93 横纹翠青蛇 *Cyclophiops multicinctus*

英文名 Many-banded Green Snake

别名 无

分类地位 有鳞目(Squamata)、蛇亚目(Serpentes)、游蛇科(Colubridae)、翠青蛇属(*Cyclophiops*)

形态特征 中等体型无毒蛇，全长 1 m 左右。头略大，与颈区分明显；眼大，瞳孔圆形。颊鳞 1 枚；眶前鳞 1 枚，眶后鳞 2 枚；颞鳞 1+2 枚；上唇鳞 7 枚，个别 8 枚，第 6 枚最大；下唇鳞 5 枚，前 4 枚切前颌片，第 4 枚最大，第 5 枚窄而特长；颌片 2 对；背鳞平滑，通身 15 行；腹鳞 169 ~ 182 枚；肛鳞二分；尾下鳞 87 ~ 105 对。头背绿色，下颌、颔部浅黄绿色。通身背面橄榄绿色，体中后段（大约自第 20 枚腹鳞以后）两侧各具 1 行细窄黄色横纹。腹面略带黄白色，腹鳞外侧与背鳞绿色相同，腹鳞中央污白色，腹鳞基部具绿色点斑。

识别要点 通身背面橄榄绿色，体中后段两侧各具 1 行细窄黄色短横纹。腹面略带黄白色。

生境 常见于海拔 200 ~ 800 m 山区，也见于较低地区。

生活习性 陆栖。卵生。7 月可见怀卵个体。编者记录到 1 号标本窝卵数 10 枚。

濒危和保护等级

IUCN 濒危物种红色名录（2022-1）：无危（LC）

中国生物多样性红色名录（2021）：近危（NT）

国家重点保护野生动物名录保护级别（2021）：无

94 灰鼠蛇 *Ptyas korros*

英 文 名 Javan Rat Snake

别　　名 灰肚皮

分类地位 有鳞目（Squamata）、蛇亚目（Serpentes）、游蛇科（Colubridae）、鼠蛇属（*Ptyas*）

形态特征 大体型无毒蛇，全长 1 ~ 2 m。头较长，吻鳞高，从吻背可见；鼻孔大，位于鼻鳞中央，其上下缘几乎均近鼻鳞边缘；前额鳞弯向头侧；眼大，瞳孔圆形。颊鳞 1 枚以上（含 1 枚），背鳞 15 - 15（或 13）- 11 行（颈部为 15 行，中段为 15 行或 13 行，肛前 11 行）。头背棕褐色，头腹及颔部浅黄色；背面因每一背鳞的中间色深，游离缘略黑色，而两侧角略白色，整体形成深浅色相间的若干纵纹；腹面除腹鳞两外侧颜色稍深外，其余均白色无斑。

识别要点 背面具深浅色相间的若干纵纹；腹面除腹鳞两外侧颜色稍深外，其余均白色无斑。

生　　境 常见于海拔 100 ~ 500 m 平原、丘陵和山区的灌丛、杂草地、路边、各种水域附近、耕作地附近的沟渠等地带。

生活习性 主要以蛙类、蜥蜴、鸟类及鼠类为食。卵生。

濒危和保护等级

IUCN 濒危物种红色名录（2022-1）：近危（NT）

中国生物多样性红色名录（2021）：易危（VU）

国家重点保护野生动物名录保护级别（2021）：无

95 滑鼠蛇　*Ptyas mucosa*

英文名　Oriental Ratsnake

别　名　黄肚皮、水律蛇

分类地位　有鳞目（Squamata）、蛇亚目（Serpentes）、游蛇科（Colubridae）、鼠蛇属（*Ptyas*）

形态特征　大体型无毒蛇，全长可达 2 m。头长，鼻孔大；眼大，瞳孔圆形；前额鳞弯向头侧，颊凹下。颊鳞 2 ~ 5 枚；眶前鳞 1 枚，眶前下鳞 1 枚，眶后鳞 2 枚；颞鳞 2+2（3）枚；上唇鳞 8 枚，个别 9 枚；下唇鳞 9 枚或 10 枚，第 1 对在颏鳞后相接，前 5 枚（偶为 4 枚或 6 枚）切前颌片，个别 8（4）枚，第 5 及第 6 枚最大；颌片 2 对，前对略小于后对，后对后半隔以并列的 2 枚小鳞。背鳞平滑，19 – 17 – 15 行；腹鳞 170 ~ 198 枚；肛鳞二分；尾下鳞 104 ~ 118 对。头背黑褐色，上唇鳞浅灰色，后缘具粗大黑斑，前 5 枚黑斑贯穿上下唇鳞；背面棕褐色，部分背鳞边缘或一半黑色，形成不规则的黑色横斑，在尾背则成网纹；腹面黄白色，腹鳞游离缘黑褐色。

识别要点　头背黑褐色；背面棕褐色，部分背鳞边缘或一半黑色，形成不规则的黑色横斑，在尾背则成网纹；腹面黄白色，腹鳞游离缘黑褐色。

生　境　常见于平原、丘陵和山区地带。

生活习性　白昼多在水域附近活动。主要以蛙、蜥蜴、蛇、鸟、鼠等动物为食。卵生。

濒危和保护等级

IUCN 濒危物种红色名录（2022-1）：无危（LC）

中国生物多样性红色名录（2021）：濒危（EN）

国家重点保护野生动物名录保护级别（2021）：无

96 海南尖喙蛇 *Gonyosoma hainanense*

英文名 Hainan Rhinoceros Snake

别　名 无

分类地位 有鳞目(Squamata)、蛇亚目(Serpentes)、游蛇科(Colubridae)、树栖锦蛇属(*Gonyosoma*)

形态特征 中小型无毒蛇。头略大，与颈可区分，成体头侧无黑眉；吻端尖出，被以小鳞，翘向前上方；身体修长，腹鳞具侧棱。颊鳞2枚。通身背面绿色，背鳞间黑色；身体前段大多数背鳞鳞缘具白色短线纹，身体弯曲时可见；腹面淡绿色，侧棱黄色，形成腹面的2条纵线纹。成体、幼体体色差异大；幼体通身背面灰褐色，头侧具黑眉。

识别要点 颊鳞2枚；成体头侧无黑眉；通身背面绿色，背鳞间黑色。

生　境 常见于海拔80 ~ 800 m的山区树林。

生活习性 树栖，具缠绕性。主要以小型蜘蛛和鸟为食。繁殖期3 ~ 6月。

濒危和保护等级

IUCN濒危物种红色名录（2022-1）：未评估（NE）

中国生物多样性红色名录（2021）：未评估（NE）

国家重点保护野生动物名录保护级别（2021）：无

97 绿锦蛇　*Gonyosoma prasinum*

英 文 名　Green Trinket Snake

别　　名　青蛇、绿雅蛇

分类地位　有鳞目(Squamata)、蛇亚目(Serpentes)、游蛇科(Colubridae)、树栖锦蛇属(*Gonyosoma*)

形态特征　中等体型无毒蛇，全长1 m左右。吻鳞高；鼻孔侧位，开口向外后方，其上下具鳞沟，分别达鼻间鳞及第1上唇鳞；眼大小适中，瞳孔圆形。颊鳞1枚；眶前鳞1枚，具1枚较小的眶前下鳞，眶后鳞2枚；颞鳞2+2（3，4）或2+1+3枚；上唇鳞9枚，个别10枚；下唇鳞10枚（9 ~ 11）枚；颔片2对；背鳞19 - 19 - 15行；腹鳞186 ~ 224枚；肛鳞完整或二分，尾下鳞成对。体背翠绿色，上唇及腹面黄白色或淡绿色；头腹白色，略显极淡绿色；背鳞之间黑色；腹鳞具侧棱，其游离缘略具微凹，棱呈1条黑色纵线，腹鳞棱外侧部分白色，两侧棱之间的部分淡绿色；尾部前2/3可见侧棱，棱呈白色纵线，尾后1/3几无棱、无白色线纹。

识别要点　吻鳞高，从头背可见；体背翠绿色，上唇及腹面黄白色或淡绿色；背鳞之间黑色。

生　　境　常见于海拔700 ~ 800 m的山区。

生活习性　白天活动。主要以蜥蜴、蛙类、鸟、鼠类为食。

濒危和保护等级

IUCN濒危物种红色名录（2022-1）：无危（LC）

中国生物多样性红色名录（2021）：易危（VU）

国家重点保护野生动物名录保护级别（2021）：无

98 黄链蛇 *Lycodon flavozonatum*

英 文 名　Yellow Banded Snake

别　　名　黄赤蛇

分类地位　有鳞目（Squamata）、蛇亚目（Serpentes）、游蛇科（Colubridae）、白环蛇属（*Lycodon*）

形态特征　中等体型偏大的无毒蛇，全长 1 m 左右。头略大，吻端宽扁，与颈可区分；眼小，瞳孔直立椭圆形；躯尾较长。颊鳞 1 枚，窄长，不入眶；眶前鳞 2 枚，眶后鳞 2 枚；颞鳞 2+3 枚；上唇鳞 8 枚（2－3－3 式），偶为 7 枚（1－3－3 式或 3－2－2 式）；下唇鳞 10 枚，前 5 枚切前颌片；背鳞 17－17－15 行，中段中央 5 ~ 9 行具弱棱；腹鳞 203 ~ 237 枚；肛鳞完整；尾下鳞双行，65 ~ 102 对。体尾背面黑褐色，具约等距排列的黄色窄横斑；腹面污白色。

识别要点　头略大，吻端宽扁，体尾背面黑褐色，具约等距排列的黄色窄横斑。

生　　境　常见于丘陵、山区植被茂盛的水源附近。

生活习性　傍晚开始活动，夜晚最为活跃。主要以鸟、蜥蜴、蛙等动物为食。卵生。

濒危和保护等级

IUCN 濒危物种红色名录（2022-1）：未评估（NE）

中国生物多样性红色名录（2021）：无危（LC）

国家重点保护野生动物名录保护级别（2021）：无

99 黑背白环蛇　*Lycodon ruhstrati*

英 文 名　Rushstrat's Wolf Snake

别　　名　黑背链蛇

分类地位　有鳞目（Squamata）、蛇亚目（Serpentes）、游蛇科（Colubridae）、白环蛇属（*Lycodon*）

形态特征　中等体型无毒蛇，全长 50 ~ 80 cm。头略大而稍扁；眼略小。颊鳞 1 枚；眶前鳞 1 枚，眶后鳞 2 枚；颞鳞 2（1）+3（2）枚；上唇鳞通常 8 枚，下唇鳞 9 枚或 10 枚；颌片 2 对；背鳞平滑，17（19）- 17 - 15 行；腹鳞 193 ~ 229 枚；肛鳞完整；尾下鳞双行，64 ~ 103 对。头背亮黑色，上唇鳞白色而鳞沟多黑褐色；腹面污白色；体尾背面具黑白相间的横纹，在体侧变宽，其上通常散布褐色斑。幼蛇枕侧明显为白色。

识别要点　头背亮黑色；腹面污白色；体尾背面具黑白相间的横纹，在体侧变宽，其上通常散布褐色斑。

生　　境　常见于海拔 400 ~ 1 000 m 的山区和丘陵地带的灌丛、草丛、田间、溪边、路旁。

生活习性　主要以蜥蜴、壁虎、昆虫等动物为食。卵生。

濒危和保护等级

IUCN 濒危物种红色名录（2022-1）：无危（LC）

中国生物多样性红色名录（2021）：无危（LC）

国家重点保护野生动物名录保护级别（2021）：无

100 粉链蛇 *Lycodon rosozonatus*

英 文 名 Pink Large-toothed Snake

别　　名 火甲蛇

分类地位 有鳞目（Squamata）、蛇亚目（Serpentes）、游蛇科（Colubridae）、白环蛇属（*Lycodon*）

形态特征 中等体型偏大无毒蛇，全长 1 m 左右。头略大，吻端宽扁；眼小；躯尾较长。颊鳞 1 枚；眶前鳞 1 枚，眶后鳞 2 枚；颞鳞 2（1）+3（2）枚；上唇鳞 8 枚，下唇鳞 10 枚。背鳞 19（18）- 19 - 15（17）行；腹鳞 221 ~ 234 枚；肛鳞完整；尾下鳞 80 ~ 92 对。头部腹面白色，具少许黑褐色斑；躯干腹面前 1/4 灰白色，向后散布黑褐色斑点，尾腹面以黑褐色为主。生活时上唇鳞粉褐色；顶鳞沟及颞鳞到上唇缘具 1 条弯曲而不连续的粉褐色细线纹；背面黑褐色，躯尾具粉红色横斑，横斑上或多或少散具黑褐色斑点。

识别要点 头部腹面白色；躯干腹面前 1/4 灰白色，向后散布黑褐色斑点，尾腹面以黑褐色为主。

生　　境 常见于溪流边或稻田附近的灌丛中。

生活习性 多于黄昏或晚上活动。卵生。

濒危和保护等级

IUCN 濒危物种红色名录（2022-1）：数据缺乏（DD）

中国生物多样性红色名录（2021）：濒危（EN）

国家重点保护野生动物名录保护级别（2021）：无

101 细白环蛇 *Lycodon subcinctus*

英文名　White-Banded Wolf Snake

别　名　白环蛇

分类地位　有鳞目（Squamata）、蛇亚目（Serpentes）、游蛇科（Colubridae）、白环蛇属（*Lycodon*）

形态特征　中等体型无毒蛇，全长 70 ~ 90 cm。头略大而稍扁；吻端宽钝；鼻孔大而圆；眼较小。颊鳞 1 枚，窄长；眶前鳞 1 枚，眶后鳞 2 枚；颞鳞 2+3 枚；上唇鳞 8 枚；下唇鳞 8 枚或 9 枚，颌片 2 对；背鳞 17 - 17 - 15 行，具弱棱；腹鳞 196 ~ 227 枚；肛鳞二分；尾下鳞 72 ~ 105 对。头背额鳞前为黑褐色，顶鳞及其两侧为白色，斜向口角，上唇白色，部分鳞沟褐色；头腹几乎白色，颏鳞及第 1 对下唇鳞具褐色斑，下唇鳞与前颌片之间的鳞沟具淡褐色斑；背面黑褐色，躯干部具 19 个白横纹，横纹在体侧变宽，前 3 个横纹彼此相距较远，均为白色，之后的横纹相距较近；腹鳞具侧棱，色斑止于侧棱外侧，两侧棱间为白色；尾部具 12 个白纹，环绕尾部 1 周，与其间的黑色形成黑白相间的完整环纹。

识别要点　背面黑褐色，躯干部具 19 个白横纹，前 3 个横纹彼此相距较远，均为白色，之后的横纹相距较近。

生　境　常见于丘陵和山区。

生活习性　主要以蜥蜴为食。卵生。

濒危和保护等级

IUCN 濒危物种红色名录（2022-1）：无危（LC）

中国生物多样性红色名录（2021）：无危（LC）

国家重点保护野生动物名录保护级别（2021）：无

102 紫灰锦蛇 *Oreocryptophis porphyraceus*

英文名 Red Bamboo Trinket Snake

别　名 紫灰蛇

分类地位 有鳞目(Squamata)、蛇亚目(Serpentes)、游蛇科(Colubridae)、紫灰蛇属(*Oreocryptophis*)

形态特征 中等体型无毒蛇，全长1 m以下。头略大；鼻孔侧位；眼略小。颊鳞1枚，前额鳞大；眶前鳞1枚，眶后鳞2枚；颞鳞1+2枚，顶鳞宽大；上唇鳞8枚；下唇鳞8～11枚，前4～5枚（个别有3枚或6枚）切前颌片；颌片2对；背鳞平滑；腹鳞176～214枚；肛鳞二分；尾下鳞双行。通身背面淡藕褐色，头背具3条黑色粗纵纹，正中1条起于前额鳞沟经额鳞至顶鳞沟，侧面2条分别自眼后沿顶鳞外缘向后与体尾背面2条侧纵线连接，上唇、头腹、腹鳞污白色。体尾背面具若干马鞍形斑，斑中央浅紫褐色，边缘为暗紫褐色细线，马鞍形斑在背脊占3～7枚鳞宽；尾背无斑，2条深色侧纵线贯穿全身。

识别要点 头背具3条黑色粗纵纹；体尾背面具2条深色侧纵线及若干马鞍形斑；通身背面淡藕褐色。

生　境 常见于海拔450～650 m的山区。

生活习性 主要以鼠类等小型动物为食。卵生。

濒危和保护等级

IUCN濒危物种红色名录（2022-1）：无危（LC）

中国生物多样性红色名录（2021）：无危（LC）

国家重点保护野生动物名录保护级别（2021）：无

103 黑眉锦蛇 *Elaphe taeniura*

英 文 名 Cave Racer

别　　名 锦蛇、眉蛇

分类地位 有鳞目（Squamata）、蛇亚目（Serpentes）、游蛇科（Colubridae）、锦蛇属（*Elaphe*）

形态特征 大体型无毒蛇，全长 2 m 左右。头略大；眼大小适中。颊鳞 1 枚；眶前鳞 1 枚，眶后鳞 2 枚；颞鳞 2+3 枚；上唇鳞变化较大，6 ~ 9 枚；下唇鳞 9 ~ 13 枚，前 4 ~ 6 枚切前颌片；颌片 2 对。背鳞 25（23）- 23（21，25）- 19（17）行，中段除最外数行平滑外，均微弱起棱；腹鳞 223 ~ 265 枚，略具侧棱；肛鳞二分；尾下鳞双行，77 ~ 123 对。头背黄绿色或略带灰褐色，眼后具 1 条明显的粗黑纹；上、下唇鳞及下颔浅黄色；躯尾背面黄绿色，前段具黑色梯纹或断离成多个蝶形纹，体后具 4 条黑色纵线，延伸至尾端；腹面灰白色或略带淡黄色，前端、尾部及体侧为黄色，两侧黑色。

识别要点 眼后具 1 条明显的粗黑纹；头背黄绿色或略带灰褐色；躯尾背面黄绿色。

生　　境 常见于海拔 400 ~ 500 m 丘陵和山区的路边、竹林、桥旁大树，也见于城镇或农家附近。

生活习性 性情凶猛。主要以鼠、鸟、蛙类等动物为食，有时也偷袭家禽。卵生，7 ~ 8 月产卵。

濒危和保护等级

IUCN 濒危物种红色名录（2022-1）：易危（VU）

中国生物多样性红色名录（2021）：易危（VU）

国家重点保护野生动物名录保护级别（2021）：无

104 尖尾两头蛇 *Calamaria pavimentata*

英 文 名 Brown Reed Snake

别　　名 无

分类地位 有鳞目(Squamata)、蛇亚目(Serpentes)、两头蛇科(Calamariidae)、两头蛇属(*Calamaria*)

形态特征 小体型无毒蛇，全长30 cm左右。头小，与颈不区分。吻鳞宽；前额鳞大，前伸与吻鳞相接，下延与上唇鳞相切；额鳞长大于宽；眶前鳞1枚，眶后鳞1枚；上唇鳞4枚；下唇鳞5枚或6枚，前3枚接切颔片。背鳞平滑，通身13行；腹鳞167 ~ 192枚；肛鳞完整；尾下鳞14 ~ 23对。通身圆柱形，尾极短，末端略尖细；体尾背面略带红褐色，具深色纵线纹；腹面色较浅淡；颈侧各具1个黄色斑，尾基两侧各具1个黄色斑，尾腹面正中具1条短黑色纵线。

识别要点 头小，与颈不区分。通身圆柱形，尾极短，末端略尖细；体尾背面略带红褐色，具深色纵线纹。

生　　境 常见于海拔800 m左右的山区、丘陵。

生活习性 穴居。常夜间和雨天到地面上活动。主要以蚯蚓或昆虫为食。卵生。

濒危和保护等级

IUCN濒危物种红色名录（2022-1）：无危（LC）

中国生物多样性红色名录（2021）：无危（LC）

国家重点保护野生动物名录保护级别（2021）：无

105 白眶蛇　*Amphiesmoides ornaticeps*

英 文 名　Werner's Ornate Snake

别　　名　白眶游蛇

分类地位　有鳞目（Squamata）、蛇亚目（Serpentes）、水游蛇科（Natricidae）、白眶蛇属（*Amphiesmoides*）

形态特征　中等体型无毒蛇，全长 80 ~ 90 cm。头灰褐色，眼前和眼后各具 1 条镶黑边的白色竖纹。颊鳞 1 枚；眶前鳞 1 枚，眶后鳞 4 枚；颞鳞 2 +3（2）枚；上唇鳞 9 枚；下唇鳞 9 枚，前 5 枚切前颔片；颔片 2 对；背鳞 19 - 19 - 17 行，具强棱；腹鳞 157 ~ 168 枚；肛鳞二分；尾下鳞 116 ~ 127 对。头腹灰白色，背面灰褐色，躯干前 1/3 具 3 行交错排列的黑褐色大点斑，正中行点斑具 1 行白点；躯干后 2/3 具黑褐色大点斑相连成的灰黑色纵纹；躯干及尾腹面略呈白色。

识别要点　眼前和眼后各具 1 条镶黑边的白色竖纹；眶后鳞 4 枚，上唇鳞 9 枚。

生　　境　山区溪流附近。

生活习性　不详。

濒危和保护等级

IUCN 濒危物种红色名录（2022-1）：无危（LC）

中国生物多样性红色名录（2021）：易危（VU）

国家重点保护野生动物名录保护级别（2021）：无

106 草腹链蛇 *Amphiesma stolatum*

英文名 Buff Striped Keelback

别　名 花浪蛇

分类地位 有鳞目(Squamata)、蛇亚目(Serpentes)、水游蛇科(Natricidae)、腹链蛇属(*Amphiesma*)

形态特征 中等体型具腹链无毒蛇，全长 50 ~ 80 cm。头大小适中；鼻孔大，鼻鳞下沟达第 1 上唇鳞；眼大。颊鳞 1 枚；眶前鳞 1 枚，眶后鳞 3 枚；上唇鳞 8 枚，下唇鳞 10（5）枚；颔片 2 对；背鳞 19 - 19 - 17 行；腹鳞 132 ~ 153 枚；肛鳞二分；尾下鳞双行，65 ~ 84 对。头背暗褐色略带红色，吻端及上唇白色；头腹白色；眶前鳞与其前鳞片的鳞沟及第 2 和第 3 上唇鳞之间的鳞沟黑色，前颞鳞前缘与第 5 和第 6 上唇鳞之间的鳞沟黑色，而眶前鳞、眶后鳞和眶上鳞的外缘色均浅淡，眼周略呈一白圈。背面棕褐色，躯尾两侧 $D_{3\sim7}$（前段）或 $D_{4\sim6}$（后段）鳞行各具 1 条浅褐色纵纹，两纵纹以多数黑色横斑相连，横斑与纵纹相交处具 1 个白色点斑；腹鳞白色，两外侧（特别是躯干前部）多具黑褐色点斑，前后缀连成链纹；尾腹面白色无斑。

识别要点 背面棕褐色，躯尾两侧各具 1 条浅褐色纵纹，两纵纹以多数黑色横斑相连，横斑与纵纹相交处具 1 个白色点斑；腹鳞白色，两外侧（特别是躯干前部）多具黑褐色点斑，前后缀连成链纹；尾腹面白色无斑。

生　境 常见于平原、丘陵、低山的稻田或其他静水水域。

生活习性 常捕食蛙类。卵生。

濒危和保护等级

IUCN 濒危物种红色名录（2022-1）：无危（LC）

中国生物多样性红色名录（2021）：无危（LC）

国家重点保护野生动物名录保护级别（2021）：无

107 白眉腹链蛇 *Hebius boulengeri*

英 文 名 Boulenger's Keelback

别　　名 白眉游蛇

分类地位 有鳞目（Squamata）、蛇亚目（Serpentes）、水游蛇科（Natricidae）、东亚腹链蛇属（*Hebius*）

形态特征 小体型具腹链无毒蛇，全长 50 ~ 60 cm。头颈可区分；鼻孔较大而圆，靠近长方形鼻鳞的上部；眼大小适中，瞳孔圆形；颊鳞 1 枚；眶前鳞 1 枚，眶后鳞 2 枚；颞鳞 1+2 枚，雄性为 1+1+2 枚；上唇鳞 9 枚；下唇鳞 10 枚，前 5 枚切前颌片；颌片前后 2 对，背鳞 19 - 19 - 17 行，全部具棱或两侧最外行平滑或微棱；腹鳞 152 ~ 161 枚；肛鳞二分；尾下鳞双行，65 ~ 95 对。背面暗褐色，$D_{5\sim7}$ 鳞行浅褐色，前后形成 2 条侧纵纹，通达尾末。腹鳞及尾下鳞两侧具黑色粗大点斑，前后缀连成黑色腹链纹，腹链外侧腹鳞黑褐色，两腹链间纯白色无斑。头背黑褐色，有或无顶斑，头两侧眼后各具 1 条白色细线纹，绕至枕侧与体侧纵纹连接；上下唇鳞白色，鳞沟多为黑褐色。

识别要点 头两侧眼后各具 1 条白色细线纹，绕至枕侧与体侧纵纹连接；腹鳞及尾下鳞两侧具黑色粗大点斑，前后缀连成黑色腹链纹，腹链外侧腹鳞黑褐色，两腹链间纯白色无斑。

生　　境 常见于山间、稻田或小溪附近路上，沟边草丛或杂草丛内。

生活习性 主要以鱼、蛙为食。卵生。

濒危和保护等级

IUCN 濒危物种红色名录（2022-1）：无危（LC）

中国生物多样性红色名录（2021）：无危（LC）

国家重点保护野生动物名录保护级别（2021）：无

108 坡普腹链蛇 *Hebius popei*

英 文 名 Pope's Keelback

别　　名 黑链游蛇

分类地位 有鳞目（Squamata）、蛇亚目（Serpentes）、水游蛇科（Natricidae）、东亚腹链蛇属（*Hebius*）

形态特征 小体型具腹链无毒蛇，全长 30 ~ 50 cm。头略大；瞳孔圆形。上唇鳞前 6 枚白色；下唇鳞白色；颊鳞 1 枚；眶前鳞 1 枚（偶 2 枚），眶后鳞 3 枚；颞鳞 2+1 枚或 1+2 枚；上唇鳞 8 枚，下唇鳞 10（5）枚或 9（4）枚；颌片 2 对；背鳞 19 - 19 - 17 行，除两侧最外行，其余均起棱；腹鳞 131 ~ 142 枚；肛鳞二分；尾下鳞 66 ~ 88 对；上颌齿每侧 24 ~ 28 枚，由前到后逐渐增大或最后 2 枚突然增大。躯尾背面灰褐色，$D_{5\sim7}$ 每相距 2 ~ 3 枚鳞具镶黑边的浅色短横斑，前后缀连成点线，明显纵贯全身；腹鳞及尾下鳞外侧灰褐色，近外侧各具 1 个黑点，前后缀连成腹链纹，左右腹链纹间灰白色。头背土红色，近口角处（最后 1 枚上唇鳞）具 1 个浅色圆斑，枕侧各具 1 个较大的浅色椭圆形枕斑，左右枕斑几乎在颈背相接；顶鳞沟前 1/3 两侧具 1 对镶深色边的浅色小点顶斑。

识别要点 头略大；瞳孔圆形；头背土红色，近口角处具 1 个浅色圆斑，枕侧各具 1 个较大的浅色椭圆形枕斑。

生　　境 常见于低山溪流或其他水域，如稻田或田埂上。

生活习性 半水栖。卵生。

濒危和保护等级

IUCN 濒危物种红色名录（2022-1）：无危（LC）

中国生物多样性红色名录（2021）：无危（LC）

国家重点保护野生动物名录保护级别（2021）：无

109 海南颈槽蛇 *Rhabdophis adleri*

英文名 Adler's Groove - necked Keel - back

别　名 无

分类地位 有鳞目(Squamata)、蛇亚目(Serpentes)、水游蛇科(Natricidae)、颈槽蛇属(*Rhabdophis*)

形态特征 中等体型无毒蛇，全长1 m左右。鼻孔大，靠近鼻鳞后半部，其裂沟上达鼻间鳞，下达第1上唇鳞；眼大，瞳孔圆形。颊鳞1枚；眶前鳞1枚，眶后鳞3枚；颞鳞以2+3枚或2+2枚为主；上唇鳞8枚为主；下唇鳞10（5）枚为主，第1对在颏鳞后相接；颔片2对；背鳞19 - 19 - 17行，均具强棱或两侧最外行棱弱；腹鳞152 ~ 160枚；肛鳞二分；尾下鳞73 ~ 85对。通体背面草绿色，头背橄榄绿色，颈部猩红色；颈背具一倒"V"形浅色斑，上唇鳞浅黄色，部分鳞沟灰褐色，第4与第5枚上唇鳞后缘呈暗褐色；头腹黄白色；体侧具2行粉红色短横斑；腹鳞中央白色，其两侧靠近背鳞部分与背鳞颜色相似。

识别要点 眼大，瞳孔圆形；鼻孔大，靠近鼻鳞后半部，其裂沟上达鼻间鳞、下达第1上唇鳞；通体背面草绿色，颈部猩红色。

生　境 常见于海拔200 ~ 800 m平原、丘陵或低山的田埂或路边草地，也见于林缘。

生活习性 主要以小型蛙类和鱼为食。卵生。

濒危和保护等级

IUCN濒危物种红色名录（2022-1）：无危（LC）

中国生物多样性红色名录（2021）：近危（NT）

国家重点保护野生动物名录保护级别（2021）：无

110 黄斑渔游蛇 *Xenochrophis flavipunctatus*

英 文 名 Yellow-spotted Keelback Water Snake

别　　名 渔异色蛇

分类地位 有鳞目（Squamata）、蛇亚目（Serpentes）、水游蛇科（Natricidae）、渔游蛇属（*Xenochrophis*）

形态特征 中等体型无毒蛇，全长可达 1 m。头颈区分明显；瞳孔圆形；鼻间鳞前端较窄。颊鳞 1 枚；眶前鳞 1 枚，眶后鳞 3 枚，少数 4 枚；颞鳞通常 2+2 枚；上唇鳞通常 9 枚；下唇鳞 10（9）枚，前 5（4）枚切前颌片；颌片 2 对；背鳞 19 - 19 - 17 行；中央 9 ~ 15 行起棱；腹鳞 121 ~ 152 枚；肛鳞二分；尾下鳞 54 ~ 89 对。头背橄榄灰色，顶鳞沟及其后具 1 条镶黑边的短白纵纹，颈背具“V”形黑纹；上唇鳞白色，眼后下方具 2 条分别斜达上唇缘和口角的黑色细线纹；头腹面灰白色；背面橄榄绿色，前段两侧可见数行黑色横斑；腹面灰白色，腹鳞基部黑色，腹面呈黑白相间的横纹。

识别要点 上唇鳞白色，眼后下方具 2 条分别斜达上唇缘和口角的黑色细线纹；腹面灰白色。

生　　境 常见于海拔 550 m 以下的平原、丘陵或低山地区潮湿多水草地带，如田边、水塘、水沟、路边草丛等。

生活习性 主要以鱼、蛙、蝌蚪、蛙卵、蜥蜴、小型兽类等为食。卵生。

濒危和保护等级

IUCN 濒危物种红色名录（2022-1）：无危（LC）

中国生物多样性红色名录（2021）：无危（LC）

国家重点保护野生动物名录保护级别（2021）：无

111 乌华游蛇 *Trimerodytes percarinata*

英文名 Chinese Keelback

别　名 乌游蛇

分类地位 有鳞目(Squamata)、蛇亚目(Serpentes)、水游蛇科(Natricidae)、环游蛇属(*Trimerodytes*)

形态特征 中等体型无毒蛇，全长可达 1.3 m。头颈可以区分；鼻间鳞前端极窄，鼻孔位于近背侧；眼较小。颊鳞 1 枚；眶前鳞通常 1 枚，眶后鳞 3 ~ 5 枚；颞鳞以 2+3 枚为主，仅个别左 4 枚右 3 枚；上唇鳞通常 9 枚，下唇鳞 10 枚；颌片 2 对；背鳞 19 - 19 - 17 行，均具棱；腹鳞 131 ~ 160 枚；肛鳞二分；尾下鳞 44 ~ 87 对。头背橄榄灰色，上唇鳞色稍浅淡；头腹面灰白色。躯尾背面暗橄榄绿色，体侧橘红色，具明显的黑褐色环纹，背面因基本色调较深，环纹模糊，一般呈“Y”形；腹面灰白色；随年龄增长，体侧橘红色渐变淡，黑褐色环纹渐模糊。

识别要点 头颈可以区分；鼻间鳞前端极窄，鼻孔位于近背侧；体尾具环纹，体侧清晰可见，一般呈“Y”形；腹面灰白色，不呈橘红色或橙黄色。

生　境 常见于海拔 220 ~ 800 m 山区溪流，也见于稻田。

生活习性 白天活动。主要以鱼、蛙、蝌蚪等为食。卵生。

濒危和保护等级

IUCN 濒危物种红色名录（2022-1）：未评估（NE）

中国生物多样性红色名录（2021）：近危（NT）

国家重点保护野生动物名录保护级别（2021）：无

112 横纹斜鳞蛇 *Pseudoxenodon bambusicola*

英文名 Bamboo False Cobra

别　名 斜鳞蛇

分类地位 有鳞目（Squamata）、蛇亚目（Serpentes）、斜鳞蛇科（Pseudoxenodontidae）、斜鳞蛇属（*Pseudoxenodon*）

形态特征 中等体型无毒蛇，全长 50 ~ 70 cm。颊鳞 1 枚；眶前鳞 1（2）枚，眶后鳞 3 枚；颞鳞 2+2 枚；上唇鳞 8 枚，个别一侧 9 枚或 7 枚；下唇鳞 9 枚或 10 枚，前 4 枚或 5 枚切前颌片；颌片 2 对。背鳞 19 – 17 – 15 行，全部起棱或最外行平滑；腹鳞 132 ~ 145 枚；肛鳞完整；尾下鳞 39 ~ 61 对。脊鳞两侧的背鳞窄长，排列成斜行。背面黄褐色或紫灰色，具黑色粗大的横纹，横跨整个背面；腹面黄白色，前部通常具深褐色横纹或点斑；头背具尖端向前的黑色箭形斑，自额鳞后缘，向后分叉成两纵线沿颈侧延伸约 1.5 倍头长，再弯向体背连成一环，头侧具 1 条起自鼻间鳞经眼达口角的粗黑纹，部分上唇鳞沟黑色；头腹污白色。

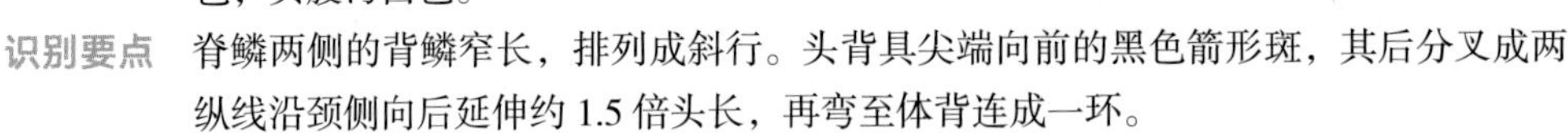

识别要点 脊鳞两侧的背鳞窄长，排列成斜行。头背具尖端向前的黑色箭形斑，其后分叉成两纵线沿颈侧向后延伸约 1.5 倍头长，再弯至体背连成一环。

生　境 常见于海拔 200 ~ 700 m 的山区森林、竹林、草丛、路边或溪边。

生活习性 白天活动。主要以蛙类、蜥蜴等动物为食。卵生。

濒危和保护等级

IUCN 濒危物种红色名录（2022–1）：无危（LC）

中国生物多样性红色名录（2021）：无危（LC）

国家重点保护野生动物名录保护级别（2021）：无

113 崇安斜鳞蛇　*Pseudoxenodon karlschmidti*

英 文 名　Karl Schmidt's False Cobra

别　　名　斜鳞蛇

分类地位　有鳞目（Squamata）、蛇亚目（Serpentes）、斜鳞蛇科（Pseudoxenodontidae）、斜鳞蛇属（*Pseudoxenodon*）

形态特征　中等体型无毒蛇，全长 1 m 左右。颊鳞 1 枚；眶前鳞 1 枚，眶后鳞 3 枚；颞鳞 2+2 枚或 3 枚；上唇鳞 8 枚，个别 7 枚；下唇鳞 8 ~ 10 枚；颌片 2 对。背鳞 19 - 19 - 15 行，均起棱，脊鳞两侧的背鳞窄长，排列成斜行；腹鳞 135 ~ 145 枚；肛鳞二分；尾下鳞 52 ~ 59 对。头背灰褐色，略带土红色，无斑，上唇鳞色浅，部分鳞沟黑褐色；颈背具尖端向前的粗大黑色箭形斑，该斑前缘镶约占 1 枚鳞宽的极细白边。背面颜色变化较大，背鳞深褐色或浅褐色，杂以深色边缘形成的斑纹，正背具由 4 个黑色斑围成的略呈窄长椭圆形的浅色横斑；腹面呈灰白色。

识别要点　脊鳞两侧的背鳞窄长，排列成斜行；颈背具尖端向前的粗大黑色箭形斑；腹鳞 135 ~ 145 枚，尾下鳞 52 ~ 59 对。

生　　境　常见于海拔 700 ~ 800 m 山区林下、灌木草丛路旁、溪流边、耕地、烂树根下或腐叶堆中。

生活习性　主要以蛙类为食。卵生。

濒危和保护等级

IUCN 濒危物种红色名录（2022-1）：无危（LC）

中国生物多样性红色名录（2021）：无危（LC）

国家重点保护野生动物名录保护级别（2021）：无

主要参考文献

陈一帆，翟晓飞，陶星宇，等. 2019. 标记重捕法对模式产地霸王岭睑虎种群资源调查［J］. 四川动物，38(4)：420－424.

费梁，叶昌媛，江建平. 2012. 中国两栖动物及其分布彩色图鉴［M］. 成都：四川科学技术出版社.

龚世平，史海涛，徐汝梅，等. 2006. 海南尖峰岭自然保护区淡水龟类调查［J］. 动物学杂志，41(1)：80－83.

贾乐乐，王同亮，翟晓飞，等. 2019. 沼水蛙繁殖期鸣声特征及鸣叫节律［J］. 动物学杂志，54(5)：659－667.

江建平，谢峰. 2021. 中国生物多样性红色名录：脊椎动物 第四卷 两栖动物［M］. 北京：科学出版社.

廖常乐，王合升，李益得. 2018. 白斑棱皮树蛙生物学特征及栖息地生境初探［J］. 热带林业，46(2)：19－21.

林柳，孙亮，王伟，等. 2018. 海南四眼斑水龟的分类地位与命名［J］. 四川动物，37(4)：435－438.

刘秋成，翟晓飞，王同亮，等. 2018. 海南岛泛树蛙属（两栖纲：无尾目：树蛙科）物种的形态特征鉴定及其多样性研究［J］. 四川动物，37(5)：490－496.

史海涛，赵尔宓，王力军，等. 2011. 海南两栖爬行动物志［M］. 北京：科学出版社.

孙志新，王同亮，朱弼成，等. 2017. 红蹼树蛙繁殖期鸣声特征及鸣叫节律［J］. 生态学杂志，36(6)：1672－1677.

陶星宇. 2020. 海南睑虎（*Goniurosaurus hainanensis*）种群生态学研究［D］. 海口：海南师范大学研究生院.

汪继超. 2014. 海南吊罗山常见脊椎动物彩色图鉴［M］. 北京：中国林业出版社.

汪继超，梁伟，史海涛，等. 2008. 海南省尖峰岭保护区海南特有两栖类分布和种群密度调查［J］. 四川动物，27(6)：1163－1174.

汪继超，王同亮，王培培，等. 2016. 圆蟾舌蛙鸣声特征分析［J］. 动物学杂志，51(2)：214－220.

王同亮，汪继超．2022. 海南国家重点保护陆生野生动物图鉴［M］. 郑州：河南科学技术出版社．

王跃招．2021. 中国生物多样性红色名录：脊椎动物 第三卷 爬行动物［M］. 北京：科学出版社．

肖繁荣，汪继超．2022. 海南国家重点保护水生野生动物图鉴［M］. 郑州：河南科学技术出版社．

赵尔宓．2006. 中国蛇类（上）［M］. 合肥：安徽科学技术出版社．

赵尔宓，黄美华，宗愉，等．1998. 中国动物志：爬行纲 第三卷 有鳞目 蛇亚目［M］. 北京：科学出版社．

赵尔宓，赵肯堂，周开亚，等．1999. 中国动物志：爬行纲 第二卷 有鳞目 蜥蜴亚目［M］. 北京：科学出版社．

中国科学院昆明动物研究所，中国两栖类信息系统 [EB / OL].[2022-08-20].http:// www.amphibiachina. org．

中国野生动物保护协会．2002. 中国爬行动物图鉴［M］. 郑州：河南科学技术出版社．

周润邦，彭霄鹏，侯勉，等．2019. 睑虎属一新种：中华睑虎［J］. 石河子大学学报（自然科学版），37(5)：549–556.

PENG L F, WANG L J, DING L, et al. 2018. A new species of the Genus *Sinomicrurus* Slowinski, Boundy and Lawson, 2001 (Squamata: Elapidae) from Hainan Province, China[J]. Asian Herpetological Research, 9(2): 65 – 73.

PENG L F, ZHANG Y, HUANG S, et al. 2021. A new snake species of the genus *Gonyosoma* Wagler, 1828 (Serpentes: Colubridae) from Hainan Island, China[J]. Zoological Research, 42(4): 487 – 491.

WANG J C, CUI J G, SHI H T, et al. 2012. Effects of body size and environmental factors on the acoustic structure and temporal rhythm of calls in *Rhacophorus dennysi*[J]. Asian Herpetological Research, 3(3): 205 - 212.

WANG T L, JIA L L, ZHAI X F,et al. 2018. Atypical assortative mating based on body size in an explosive-breeding toad from a tropical island of southern China[J]. Behavioural Processes, 151:1–5.

WANG T L, JIA L L, ZHU B C, et al. 2021. Advertisement call of two *Liuixalus* species (Anura: Rhacophoridae) endemic to Hainan Island, China[J]. Behavioural Processes, 189: 104423.

YANG J H, POYARKOV N A. 2021. A new species of the genus *Micryletta* (Anura, Microhylidae) from Hainan Island, China[J]. Zoological Research, 42(2): 234 – 240.

附 录

附录 1 海南尖峰岭淡水鱼类名录

序号	中文名	学名
硬骨鱼纲 OSTEICHTHYES		
	鳗鲡目	**ANGUILLIFORMES**
	鳗鲡科	**Anguillidae**
1	花鳗鲡	*Anguilla marmorata*
	鲤形目	**CYPRINIFORMES**
	鲤科	**Cyprinidae**
2	草鱼	*Ctenopharyngodon idella*
3	海南马口鱼	*Opsariichthys bidens*
4	拟细鲫	*Nicholsicypris normalis*
5	鳙	*Aristichthys nobilis*
6	鲢	*Hypophthalmichthys molitrix*
7	麦穗鱼	*Pseudorasbora parva*
8	条纹小鲃	*Puntius semifasciolatus*
9	细尾白甲鱼	*Onychostoma lepturum*
10	鲤	*Cyprinus carpio*
11	鲫	*Carassius auratus*
12	光倒刺鲃	*Spinibarbus hollandi*
	脂鲤科	**Characin**
13	短盖肥脂鲤	*Piaractus brachypomus*
	平鳍鳅科	**Homalopteridae**
14	琼中拟平鳅	*Liniparhomaloptera qiongzhongensis*
15	广西爬鳅	*Balitora kwangsiensis*

续表

序号	中文名	学名
	鳅科	**Cobitidae**
16	泥鳅	*Misgurnus anguillicaudatus*
17	横纹条鳅	*Schistura fasciolata*
	鲇形目	**SILURIFORMES**
	鲇科	**Siluridae**
18	越鲇	*Silurus cochinchinensis*
19	西江鲇	*Silurus gilberti*
	鲿科	**Bagridae**
20	海南半鲿	*Hemibagrus hainanensis*
	胡子鲇科	**Clariidae**
21	胡子鲇	*Clarias fuscus*
22	革胡子鲇	*Clarias gariepinus*
	鳉形目	**CYPRINODONTIFORMES**
	胎鳉科	**Poeciliidae**
23	食蚊鱼	*Gambusia affinis*
	合鳃目	**SYNBRANCHIFORMES**
	合鳃鱼科	**Synbranchidae**
24	黄鳝	*Monopterus albus*
	鲈形目	**PERCIFORMES**
	丽鱼科	**Cichlidae**
25	尼罗罗非鱼	*Oreochromis niloticus*
26	齐氏罗非鱼	*Coptodon zillii*
27	马拉瓜丽体鱼	*Cichlasoma managuense*
	鰕虎鱼科	**Gobiidae**
28	子陵吻鰕虎鱼	*Rhinogobius giurinus*

续表

序号	中文名	学名
	斗鱼科	**Belontiidae**
29	圆尾斗鱼	*Macropodus chinensis*
30	叉尾斗鱼	*Macropodus opercularis*
	鳢科	**Ophiocephalidae**
31	斑鳢	*Channa maculata*
32	宽额鳢	*Channa gachua*
	沙塘鳢科	**Odontobutidae**
33	海南细齿塘鳢	*Sineleotris chalmersi*

附录 2　海南尖峰岭部分淡水鱼类图片

海南马口鱼 *Opsariichthys bidens*

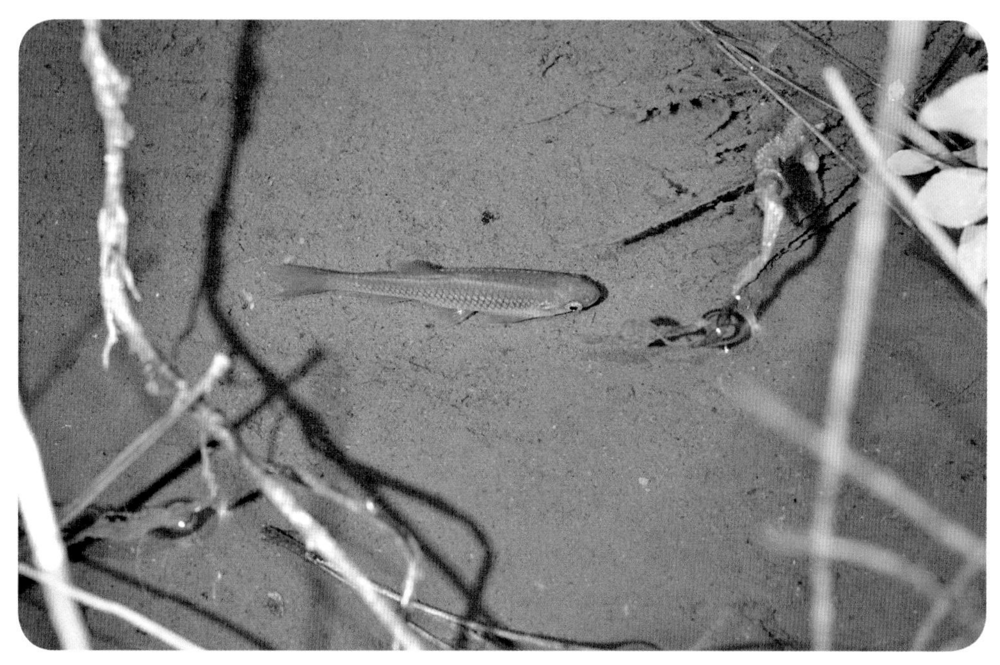

拟细鲫 *Nicholsicypris normalis*

条纹小鲃 *Puntius semifasciolatus*

细尾白甲鱼 *Onychostoma lepturum*

光倒刺鲃 *Spinibarbus hollandi*

琼中拟平鳅 *Liniparhomaloptera qiongzhongensis*

广西爬鳅 *Balitora kwangsiensis*

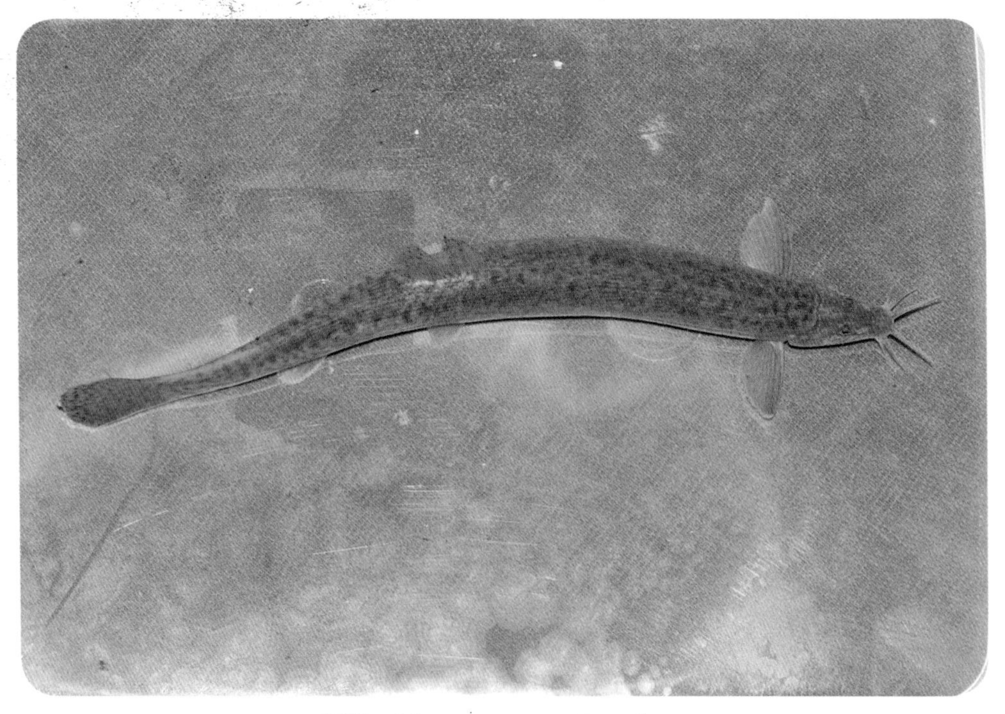

泥鳅 *Misgurnus anguillicaudatus*

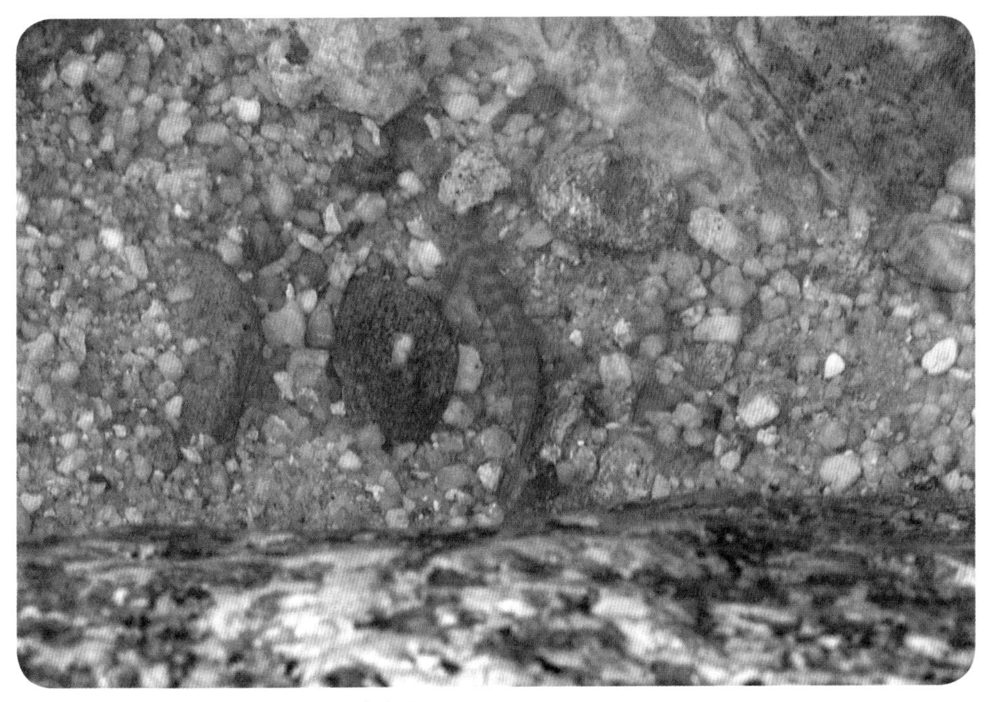

横纹条鳅 *Schistura fasciolata*

海南半鲿 *Hemibagrus hainanensis*

革胡子鲇　*Clarias gariepinus*

尼罗罗非鱼　*Oreochromis niloticus*

齐氏罗非鱼 *Coptodon zillii*

子陵吻鰕虎鱼 *Rhinogobius giurinus*

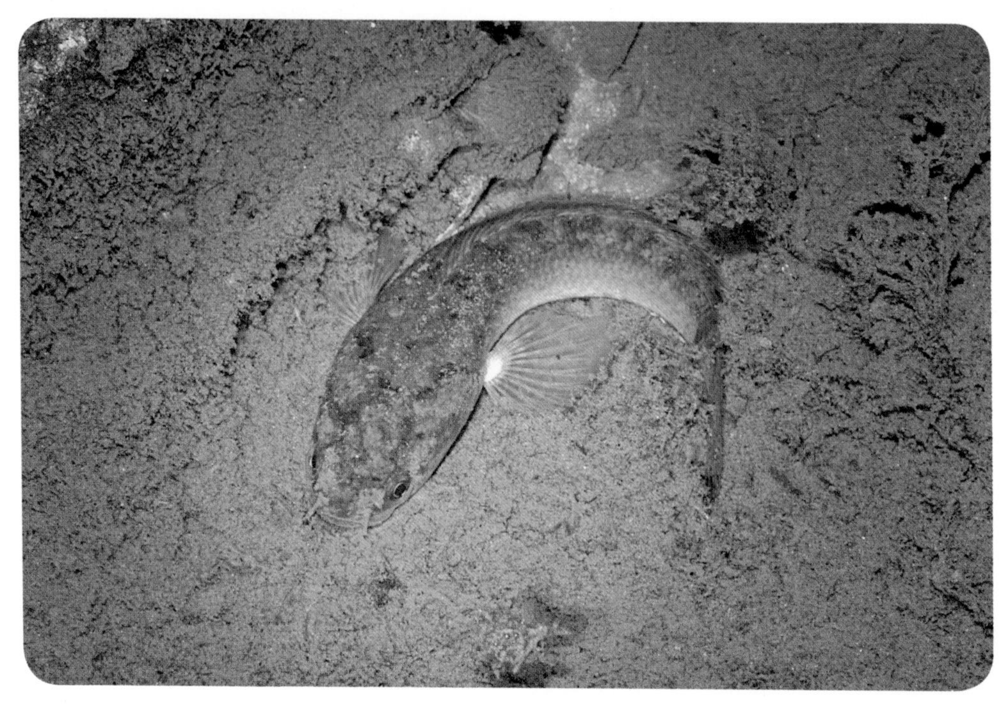

宽额鳢　*Channa gachua*

附录 3 海南国家重点保护野生脊椎动物名录修订前后对比表

序号	中文名	学名	濒危和保护级别（1988 版）		濒危和保护级别（2021 版）		变化情况
	软骨鱼纲 CHONDRICHTHYES						
	鼠鲨目	**LAMNIFORMES**					
	姥鲨科	**Cetorhinidae**					
1	姥鲨 *	*Cetorhinus maximus*				二级	新增
	鼠鲨科	**Lamnidae**					
2	噬人鲨 *	*Carcharodon carcharias*				二级	新增
	须鲨目	**ORECTOLOBIFORMES**					
	鲸鲨科	**Rhincodontidae**					
3	鲸鲨 *	*Rhincodon typus*				二级	新增
	鲼目	**MYLIOBATIFORMES**					
	魟科	**Dasyatidae**					
4	黄魟 *	*Dasyatis bennettii*				二级	新增
	硬骨鱼纲 OSTEICHTHYES						
	鳗鲡目	**ANGUILLIFORMES**					
	鳗鲡科	**Anguillidae**					
5	花鳗鲡 *	*Anguilla marmorata*		二级		二级	未调整
	鲱形目	**CLUPEIFORMES**					
	鲱科	**Clupeidae**					
6	鲥 *	*Tenualosa reevesii*			一级		新增
	鲤形目	**CYPRINIFORMES**					
	鲤科	**Cyprinidae**					
7	唐鱼 *	*Tanichthys albonubes*		二级		二级	未调整

续表

序号	中文名	学名	濒危和保护级别（1988 版）		濒危和保护级别（2021 版）		变化情况
8	大鳞鲢 *	*Hypophthalmichthys harmandi*				二级	新增
	鲇形目	**SILURIFORMES**					
	鲿科	**Bagridae**					
9	斑鳠 *	*Hemibagrus guttatus*				二级	新增
	海龙鱼目	**SYNGNATHIFORME**					
	海龙鱼科	**Syngnathidae**					
10	克氏海马 *	*Hippocampus kelloggi*		二级		二级	未调整
11	刺海马 *	*Hippocampus histrix*				二级	新增
12	日本海马 *	*Hippocampus mohnikei*				二级	新增
13	三斑海马 *	*Hippocampus trimaculatus*				二级	新增
14	库达海马 *	*Hippocampus kuda*				二级	新增
	鲈形目	**PERCIFORMES**					
15	黄唇鱼 *	*Bahaba taipingensis*		二级	一级		升级
	两栖纲 AMPHIBLA						
	有尾目	**CAUDATA**					
	蝾螈科	**Salamandridae**					
16	海南瑶螈 *	*Yaotriton hainanensis*				二级	新增
	无尾目	**ANURA**					
	蟾蜍科	**Bufonidae**					
17	鳞皮小蟾 #	*Parapelophryne scalpta*				二级	新增
18	乐东蟾蜍 #	*Qiongbufo ledongensis*				二级	新增
	叉舌蛙科	**Dicroglossidae**					
19	虎纹蛙 *	*Hoplobatrachus chinensts*		二级		二级	未调整

续表

序号	中文名	学名	濒危和保护级别（1988 版）		濒危和保护级别（2021 版）		变化情况
20	脆皮大头蛙 *	*Limnonectes fragilis*				二级	新增
	蛙科	Ranidae					
21	海南湍蛙 *	*Amolops hainanensis*				二级	新增
	爬行纲 REPTILIA						
	龟鳖目	**TESTUDINES**					
	陆龟科	**Testudinidae**					
22	凹甲陆龟 #	*Manouria impressa*		二级	一级		升级
	平胸龟科	**Platysternidae**					
23	平胸龟 *	*Platysternon megacephalum*				二级	新增
	地龟科	**Geoemydidae**					
24	花龟 *	*Mauremys sinensis*				二级	新增
25	黄喉拟水龟 *	*Mauremys mutica*				二级	新增
26	三线闭壳龟 *	*Cuora trifasciata*		二级		二级	未调整
27	黄额闭壳龟 *	*Cuora galbinifrons*				二级	新增
28	平顶闭壳龟 *	*Cuora mouhotii*				二级	新增
29	地龟 *	*Geoemyda spengleri*		二级		二级	未调整
30	四眼斑水龟 *	*Sacalia quadriocellata*				二级	新增
	海龟科	**Cheloniidae**					
31	红海龟 *	*Caretta caretta*		二级	一级		升级
32	绿海龟 *	*Chelonia mydas*		二级	一级		升级
33	玳瑁 *	*Eretmochelys imbricata*		二级	一级		升级
34	太平洋丽龟 *	*Lepidochelys olivacea*		二级	一级		升级
	棱皮龟科	**Dermochelyidae**					

续表

序号	中文名	学名	濒危和保护级别（1988版）		濒危和保护级别（2021版）		变化情况
35	棱皮龟 *	*Dermochelys coriacea*		二级	一级		升级
	鳖科	**Trionychidae**					
36	鼋 *	*Pelochelys cantorii*	一级		一级		未调整
37	山瑞鳖 *	*Palea steindachneri*		二级		二级	未调整
	有鳞目	**SQUAMATA**					
	眼镜蛇科	**Elapidae**					
38	环纹海蛇 *	*Hydrophis fasciatus*				二级	新增
39	青环海蛇 *	*Hydrophis cyanocinctus*				二级	新增
40	淡灰海蛇 *	*Hydrophis ornatus*				二级	新增
41	平颏海蛇 *	*Hydrophis curtus*				二级	新增
42	小头海蛇 *	*Hydrophis gracilis*				二级	新增
43	长吻海蛇 *	*Hydrophis platurus*				二级	新增
44	海蝰 *	*Hydrophis viperinus*				二级	新增
45	眼镜王蛇 #	*Ophiophagus hannah*				二级	新增
	壁虎科	**Gekkonidae**					
46	大壁虎 #	*Gekko gecko*		二级		二级	未调整
	睑虎科	**Eublepharidae**					
47	霸王岭睑虎 #	*Goniurosaurus bawanglingensis*				二级	新增
48	海南睑虎 #	*Goniurosaurus hainanensis*				二级	新增
49	周氏睑虎 #	*Goniurosaurus zhoui*				二级	新增
	鬣蜥科	**Agamidae**					
50	蜡皮蜥 #	*Leiolepis reevesii*				二级	新增
	蛇蜥科	**Anguidae**					

续表

序号	中文名	学名	濒危和保护级别（1988版）		濒危和保护级别（2021版）		变化情况
51	海南脆蛇蜥 #	*Ophisaurus hainanensis*				二级	新增
	巨蜥科	**Varanidae**					
52	圆鼻巨蜥 #	*Varanus salvator*	一级		一级		未调整
	闪鳞蛇科	**Xenopeltidae**					
53	闪鳞蛇 #	*Xenopeltis unicolor*				二级	新增
	筒蛇科	**Cylindrophiidae**					
54	红尾筒蛇 #	*Cylindrophis ruffus*				二级	新增
	蟒科	**Pythonidae**					
55	蟒蛇 #	*Python bivittatus*	一级			二级	降级
	游蛇科	**Colubridae**					
56	尖喙蛇 #	*Rhynchophis boulengeri*				二级	新增
	鸟纲 AVES						
	鸡形目	**GALLIFORMES**					
	雉科	**Phasianidae**					
57	海南山鹧鸪 #	*Arborophila ardens*	一级		一级		未调整
58	红原鸡 #	*Gallus gallus*		二级		二级	未调整
59	白鹇 #	*Lophura nycthemera*		二级		二级	未调整
60	海南孔雀雉 #	*Polyplectron katsumatae*	一级		一级		未调整
	雁形目	**ANSERIFORMES**					
	鸭科	**Anatidae**					
61	栗树鸭 #	*Dendrocygna javanica*				二级	新增
62	鸳鸯 #	*Aix galericulata*		二级		二级	未调整
63	棉凫 #	*Nettapus coromandelianus*				二级	新增

续表

序号	中文名	学名	濒危和保护级别（1988 版）		濒危和保护级别（2021 版）		变化情况
64	花脸鸭 #	*Sibirionetta formosa*				二级	新增
	鸽形目	**COLUMBIFORMES**					
	鸠鸽科	**Columbidae**					
65	紫林鸽 #	*Columba punicea*				二级	新增
66	斑尾鹃鸠 #	*Macropygia unchall*		二级		二级	未调整
67	橙胸绿鸠 #	*Treron bicinctus*		二级		二级	未调整
68	厚嘴绿鸠 #	*Treron curvirostra*		二级		二级	未调整
69	红翅绿鸠 #	*Treron sieboldii*		二级		二级	未调整
70	绿皇鸠 #	*Ducula aenea*		二级		二级	未调整
71	山皇鸠 #	*Ducula badia*		二级		二级	未调整
	夜鹰目	**CAPRIMULGIFORMES**					
	雨燕科	**Apodidae**					
72	爪哇金丝燕 #	*Aerodramus fuciphagus*				二级	新增
73	灰喉针尾雨燕 #	*Hirundapus cochinchinensis*		二级		二级	未调整
	鹃形目	**CUCULIFORMES**					
	杜鹃科	**Cuculidae**					
74	褐翅鸦鹃 #	*Centropus sinensis*		二级		二级	未调整
75	小鸦鹃 #	*Centropus bengalensis*		二级		二级	未调整
	鹤形目	**GRUIFORMES**					
	秧鸡科	**Rallidae**					
76	紫水鸡 #	*Porphyrio porphyrio*				二级	新增
	鹤科	**Gruidae**					
77	灰鹤 #	*Grus grus*		二级		二级	未调整

续表

序号	中文名	学名	濒危和保护级别（1988版）		濒危和保护级别（2021版）		变化情况
	鸻形目	**CHARADRIIFORMES**					
	石鸻科	**Burhinidae**					
78	大石鸻 #	*Esacus recurvirostris*				二级	新增
	水雉科	**Jacanidae**					
79	水雉 #	*Hydrophasianus chirurgus*				二级	新增
	鹬科	**Scolopacidae**					
80	小杓鹬 #	*Numenius minutus*		二级		二级	未调整
81	白腰杓鹬 #	*Numenius arquata*				二级	新增
82	大杓鹬 #	*Numenius madagascariensis*				二级	新增
83	小青脚鹬 #	*Tringa guttifer*		二级	一级		升级
84	翻石鹬 #	*Arenaria interpres*				二级	新增
85	大滨鹬 #	*Calidris tenuirostris*				二级	新增
86	勺嘴鹬 #	*Calidris pygmaea*			一级		新增
87	阔嘴鹬 #	*Calidris falcinellus*				二级	新增
	鸥科	**Laridae**					
88	黑嘴鸥 #	*Saundersilarus saundersi*			一级		新增
89	大凤头燕鸥 #	*Thalasseus bergii*				二级	新增
90	中华凤头燕鸥 #	*Thalasseus bernsteini*		二级	一级		升级
	鹱形目	**PROCELLARIIFORMES**					
	信天翁科	**Diomedeidae**					
91	黑脚信天翁 #	*Phoebastria nigripes*			一级		新增
	鹳形目	**CICONIIFORMES**					
	鹳科	**Ciconiidae**					

续表

序号	中文名	学名	濒危和保护级别（1988 版）		濒危和保护级别（2021 版）		变化情况
92	彩鹳 #	*Mycteria leucocephala*		二级	一级		升级
93	黑鹳 #	*Ciconia nigra*	一级		一级		未调整
94	秃鹳 #	*Leptoptilos javanicus*				二级	新增
	鲣鸟目	**SULIFORMES**					
	军舰鸟科	**Fregatidae**					
95	白腹军舰鸟 #	*Fregata andrewsi*	一级		一级		未调整
96	黑腹军舰鸟 #	*Fregata minor*				二级	新增
97	白斑军舰鸟 #	*Fregata ariel*				二级	新增
	鲣鸟科	**Sulidae**					
98	红脚鲣鸟 #	*Sula sula*		二级		二级	未调整
99	褐鲣鸟 #	*Sula leucogaster*		二级		二级	未调整
	鹈形目	**PELECANIFORMES**					
	鹮科	**Threskiornithidae**					
100	黑头白鹮 #	*Threskiornis melanocephalus*		二级	一级		升级
101	白琵鹭 #	*Platalea leucorodia*		二级		二级	未调整
102	黑脸琵鹭 #	*Platalea minor*		二级	一级		升级
	鹭科	**Ardeidae**					
103	海南鳽 #	*Gorsachius magnificus*		二级	一级		升级
104	黑冠鳽 #	*Gorsachius melanolophus*				二级	新增
105	岩鹭 #	*Egretta sacra*		二级		二级	未调整
106	黄嘴白鹭 #	*Egretta eulophotes*		二级	一级		升级
	鹈鹕科	**Pelecanidae**					
107	斑嘴鹈鹕 #	*Pelecanus philippensis*		二级	一级		升级

续表

序号	中文名	学名	濒危和保护级别（1988版）		濒危和保护级别（2021版）		变化情况
108	卷羽鹈鹕 #	*Pelecanus crispus*		二级	一级		升级
	鹰形目	**ACCIPITRIFORMES**					
	鹗科	**Pandionidae**					
109	鹗 #	*Pandion haliaetus*		二级		二级	未调整
	鹰科	**Accipitridae**					
110	黑翅鸢 #	*Elanus caeruleus*		二级		二级	未调整
111	凤头蜂鹰 #	*Pernis ptilorhynchus*		二级		二级	未调整
112	褐冠鹃隼 #	*Aviceda jerdoni*		二级		二级	未调整
113	黑冠鹃隼 #	*Aviceda leuphotes*		二级		二级	未调整
114	秃鹫 #	*Aegypius monachus*		二级	一级		升级
115	蛇雕 #	*Spilornis cheela*		二级		二级	未调整
116	棕腹隼雕 #	*Lophotriorchis kienerii*		二级		二级	未调整
117	林雕 #	*Ictinaetus malaiensis*		二级		二级	未调整
118	鹰雕 #	*Nisaetus nipalensis*		二级		二级	未调整
119	草原雕 #	*Aquila nipalensis*		二级	一级		升级
120	白肩雕 #	*Aquila heliaca*	一级		一级		未调整
121	白腹隼雕 #	*Aquila fasciata*		二级		二级	未调整
122	凤头鹰 #	*Accipiter trivirgatus*		二级		二级	未调整
123	褐耳鹰 #	*Accipiter badius*		二级		二级	未调整
124	赤腹鹰 #	*Accipiter soloensis*		二级		二级	未调整
125	日本松雀鹰 #	*Accipiter gularis*		二级		二级	未调整
126	松雀鹰 #	*Accipiter virgatus*		二级		二级	未调整
127	雀鹰 #	*Accipiter nisus*		二级		二级	未调整

续表

序号	中文名	学名	濒危和保护级别（1988 版）		濒危和保护级别（2021 版）		变化情况
128	苍鹰 #	*Accipiter gentilis*		二级		二级	未调整
129	白头鹞 #	*Circus aeruginosus*		二级		二级	未调整
130	白腹鹞 #	*Circus spilonotus*		二级		二级	未调整
131	白尾鹞 #	*Circus cyaneus*		二级		二级	未调整
132	草原鹞 #	*Circus macrourus*		二级		二级	未调整
133	鹊鹞 #	*Circus melanoleucos*		二级		二级	未调整
134	黑鸢 #	*Milvus migrans*		二级		二级	未调整
135	白腹海雕 #	*Haliaeetus leucogaster*		二级	一级		升级
136	渔雕 #	*Icthyophaga humilis*		二级		二级	未调整
137	灰脸𫛭鹰 #	*Butastur indicus*		二级		二级	未调整
138	普通𫛭 #	*Buteo japonicus*		二级		二级	未调整
	鸮形目	**STRIGIFORMES**					
	鸱鸮科	**Strigidae**					
139	黄嘴角鸮 #	*Otus spilocephalus*		二级		二级	未调整
140	领角鸮 #	*Otus lettia*		二级		二级	未调整
141	红角鸮 #	*Otus sunia*		二级		二级	未调整
142	雕鸮 #	*Bubo bubo*		二级		二级	未调整
143	林雕鸮 #	*Bubo nipalensis*		二级		二级	未调整
144	褐渔鸮 #	*Ketupa zeylonensis*		二级		二级	未调整
145	褐林鸮 #	*Strix leptogrammica*		二级		二级	未调整
146	领鸺鹠 #	*Glaucidium brodiei*		二级		二级	未调整
147	斑头鸺鹠 #	*Glaucidium cuculoides*		二级		二级	未调整
148	鹰鸮 #	*Ninox scutulata*		二级		二级	未调整

续表

序号	中文名	学名	濒危和保护级别（1988版）		濒危和保护级别（2021版）		变化情况
149	短耳鸮 #	*Asio flammeus*		二级		二级	未调整
	草鸮科	**Tytonidae**					
150	仓鸮 #	*Tyto alba*		二级		二级	未调整
151	草鸮 #	*Tyto longimembris*		二级		二级	未调整
152	栗鸮 #	*Phodilus badius*		二级		二级	未调整
	咬鹃目	**TROGONIFORMES**					
	咬鹃科	**Trogonidae**					
153	红头咬鹃 #	*Harpactes erythrocephalus*				二级	新增
	佛法僧目	**CORACIIFORMES**					
	蜂虎科	**Meropidae**					
154	蓝须蜂虎 #	*Nyctyornis athertoni*				二级	新增
155	栗喉蜂虎 #	*Merops philippinus*				二级	新增
156	蓝喉蜂虎 #	*Merops viridis*				二级	新增
	翠鸟科	**Alcedinidae**					
157	白胸翡翠 #	*Halcyon smyrnensis*				二级	新增
158	斑头大翠鸟 #	*Alcedo hercules*				二级	新增
	啄木鸟目	**PICIFORMES**					
	啄木鸟科	**Picidae**					
159	大黄冠啄木鸟 #	*Chrysophlegma flavinucha*				二级	新增
160	黄冠啄木鸟 #	*Picus chlorolophus*				二级	新增
	隼形目	**FALCONIFORMES**					
	隼科	**Falconidae**					
161	红隼 #	*Falco tinnunculus*		二级		二级	未调整

续表

序号	中文名	学名	濒危和保护级别（1988 版）		濒危和保护级别（2021 版）		变化情况
162	燕隼 #	*Falco subbuteo*		二级		二级	未调整
163	猛隼 #	*Falco severus*		二级		二级	未调整
164	游隼 #	*Falco peregrinus*		二级		二级	未调整
	鹦鹉目	**PSITTACIFORMES**					
	鹦鹉科	**Psittacidae**					
165	绯胸鹦鹉 #	*Psittacula alexandri*		二级		二级	未调整
	雀形目	**PASSERIFORMES**					
	八色鸫科	**Pittidae**					
166	蓝背八色鸫 #	*Pitta soror*		二级		二级	未调整
167	仙八色鸫 #	*Pitta nympha*		二级		二级	未调整
168	蓝翅八色鸫 #	*Pitta moluccensis*		二级		二级	未调整
	阔嘴鸟科	**Eurylaimidae**					
169	银胸丝冠鸟 #	*Serilophus lunatus*		二级		二级	未调整
	卷尾科	**Dicruridae**					
170	大盘尾 #	*Dicrurus paradiseus*				二级	新增
	鸦科	**Corvidae**					
171	黄胸绿鹊 #	*Cissa hypoleuca*				二级	新增
	噪鹛科	**Leiothrichidae**					
172	海南画眉 #	*Garrulax owstoni*				二级	新增
173	黑喉噪鹛 #	*Garrulax chinensis*				二级	新增
	椋鸟科	**Sturnidae**					
174	鹩哥 #	*Gracula religiosa*				二级	新增
	鹟科	**Muscicapidae**					

续表

序号	中文名	学名	濒危和保护级别（1988 版）		濒危和保护级别（2021 版）		变化情况
175	红喉歌鸲 #	*Calliope calliope*				二级	新增
176	蓝喉歌鸲 #	*Luscinia svecica*				二级	新增
177	棕腹大仙鹟 #	*Niltava davidi*				二级	新增
	鹀科	**Emberizidae**					
178	黄胸鹀 #	*Emberiza aureola*			一级		新增
	哺乳纲 MAMMALIA						
	灵长目	**PRIMATES**					
	猴科	**Cercopithecidae**					
179	猕猴 #	*Macaca mulatta*		二级		二级	未调整
	长臂猿科	**Hylobatidae**					
180	海南长臂猿 #	*Nomascus hainanus*	一级		一级		未调整
	鳞甲目	**PHOLIDOTA**					
	鲮鲤科	**Manidae**					
181	穿山甲 #	*Manis pentadactyla*		二级	一级		升级
	食肉目	**CARNIVORA**					
	熊科	**Ursidae**					
182	黑熊 #	*Ursus thibetanus*		二级		二级	未调整
	鼬科	**Mustelidae**					
183	黄喉貂 #	*Martes flavigula*		二级		二级	未调整
184	小爪水獭 *	*Aonyx cinerea*		二级		二级	未调整
	灵猫科	**Viverridae**					
185	大灵猫 #	*Viverra zibetha*		二级	一级		升级
186	小灵猫 #	*Viverricula indica*		二级	一级		升级

续表

序号	中文名	学名	濒危和保护级别（1988版）		濒危和保护级别（2021版）		变化情况
187	椰子猫 #	*Paradoxurus hermaphroditus*				二级	新增
	猫科	**Felidae**					
188	豹猫 #	*Prionailurus bengalensis*				二级	新增
189	云豹 #	*Neofelis nebulosa*	一级		一级		未调整
	偶蹄目	**ARTIODACTYLA**					
	鹿科	**Cervidae**					
190	海南麂 #	*Muntiacus nigripes*				二级	新增
191	坡鹿 #	*Panolia siamensis*	一级		一级		未调整
192	水鹿 #	*Cervus equinus*		二级		二级	未调整
	啮齿目	**RODENTIA**					
	松鼠科	**Sciuridae**					
193	巨松鼠 #	*Ratufa bicolor*		二级		二级	未调整
	兔形目	**LAGOMORPHA**					
	兔科	**Leporidae**					
194	海南兔 #	*Lepus hainanus*		二级		二级	未调整
	鳍足目	**PINNIPEDIA**					
	海狮科	**Otariidae**					
195	北海狗 *	*Callorhinus ursinus*		二级		二级	未调整
	海豹科	**Phocidae**					
196	西太平洋斑海豹 *	*Phoca largha*		二级	一级		升级
	海牛目	**SIRENIA**					
	儒艮科	**Dugongidae**					
197	儒艮 *	*Dugong dugon*	一级		一级		未调整

续表

序号	中文名	学名	濒危和保护级别（1988版）		濒危和保护级别（2021版）		变化情况
	鲸目	**CETACEA**					
	灰鲸科	**Eschrichtiidae**					
198	灰鲸 *	*Eschrichtius robustus*		二级	一级		升级
	须鲸科	**Balaenopteridae**					
199	蓝鲸 *	*Balaenoptera musculus*		二级	一级		升级
200	塞鲸 *	*Balaenoptera borealis*		二级	一级		升级
201	布氏鲸 *	*Balaenoptera edeni*		二级	一级		升级
202	大村鲸 *	*Balaenoptera omurai*		二级	一级		升级
203	小须鲸 *	*Balaenoptera acutorostrata*		二级	一级		升级
204	长须鲸 *	*Balaenoptera physalus*		二级	一级		升级
205	大翅鲸 *	*Megaptera novaeangliae*		二级	一级		升级
	海豚科	**Delphinidae**					
206	中华白海豚 *	*Sousa chinensis*	一级		一级		未调整
207	糙齿海豚 *	*Steno bredanensis*		二级		二级	未调整
208	条纹原海豚 *	*Stenella coeruleoalba*		二级		二级	未调整
209	热带点斑原海豚 *	*Stenella attenuata*		二级		二级	未调整
210	飞旋原海豚 *	*Stenella longirostris*		二级		二级	未调整
211	真海豚 *	*Delphinus delphis*		二级		二级	未调整
212	长喙真海豚 *	*Delphinus capensis*		二级		二级	未调整
213	弗氏海豚 *	*Lagenodelphis hosei*		二级		二级	未调整
214	瓶鼻海豚 *	*Tursiops truncatus*		二级		二级	未调整
215	印太瓶鼻海豚 *	*Tursiops aduncus*		二级		二级	未调整
216	短肢领航鲸 *	*Globicephala macrorhynchus*		二级		二级	未调整

续表

序号	中文名	学名	濒危和保护级别（1988 版）		濒危和保护级别（2021 版）		变化情况
217	虎鲸 *	*Orcinus orca*		二级		二级	未调整
218	伪虎鲸 *	*Pseudorca crassidens*		二级		二级	未调整
219	小虎鲸 *	*Feresa attenuata*		二级		二级	未调整
220	瓜头鲸 *	*Peponocephala electra*		二级		二级	未调整
221	里氏海豚 *	*Grampus griseus*		二级		二级	未调整
	鼠海豚科	**Phocoenidae**					
222	印太江豚 *	*Neophocaena phocaenoides*		二级		二级	未调整
	抹香鲸科	**Physeteridae**					
223	抹香鲸 *	*Physeter macrocephalus*		二级	一级		升级
224	小抹香鲸 *	*Kogia breviceps*		二级		二级	未调整
225	侏抹香鲸 *	*Kogia sima*		二级		二级	未调整
	喙鲸科	**Ziphidae**					
226	柏氏中喙鲸 *	*Mesoplodon densirostris*		二级		二级	未调整
* 代表水生野生动物；# 代表陆生野生动物							

附录 4　　国家重点保护野生动物名录

（2021 年发布）

中文名	学名	保护级别		备注
刺胞动物门 CNIDARIA				
水螅纲 HYDROZOA				
花裸螅目	**ANTHOATHECATA**			
多孔螅科 #	**Milleporidae**			
* 分叉多孔螅	*Millepora dichotoma*		二级	
* 节块多孔螅	*Millepora exaesa*		二级	
* 窝形多孔螅	*Millepora foveolata*		二级	
* 错综多孔螅	*Millepora intricata*		二级	
* 阔叶多孔螅	*Millepora latifolia*		二级	
* 扁叶多孔螅	*Millepora platyphylla*		二级	
* 娇嫩多孔螅	*Millepora tenera*		二级	
柱星螅科 #	**Stylasteridae**			
* 无序双孔螅	*Distichopora irregularis*		二级	
* 紫色双孔螅	*Distichopora violacea*		二级	
* 佳丽刺柱螅	*Errina dabneyi*		二级	
* 扇形柱星螅	*Stylaster flabelliformis*		二级	
* 细巧柱星螅	*Stylaster gracilis*		二级	
* 佳丽柱星螅	*Stylaster pulcher*		二级	
* 艳红柱星螅	*Stylaster sanguineus*		二级	
* 粗糙柱星螅	*Stylaster scabiosus*		二级	
珊瑚纲 ANTHOZOA				
角珊瑚目 #	**ANTIPATHARIA**			

续表

中文名	学名	保护级别		备注
* 角珊瑚目所有种	ANTIPATHARIA spp.		二级	
石珊瑚目 #	**SCLERACTINIA**			
* 石珊瑚目所有种	SCLERACTINIA spp.		二级	
苍珊瑚目	**HELIOPORACEA**			
苍珊瑚科 #	**Helioporidae**			
* 苍珊瑚科所有种	Helioporidae spp.		二级	
软珊瑚目	**ALCYONACEA**			
笙珊瑚科 #	**Tubiporidae**			
* 笙珊瑚	*Tubipora musica*		二级	
红珊瑚科 #	**Coralliidae**			
* 红珊瑚科所有种	Coralliidae spp.	一级		
竹节柳珊瑚科	**Isididae**			
* 粗糙竹节柳珊瑚	*Isis hippuris*		二级	
* 细枝竹节柳珊瑚	*Isis minorbrachyblasta*		二级	
* 网枝竹节柳珊蝴	*Isis reticulata*		二级	
软体动物门 MOLLUSCA				
腹足纲 GASTROPODA				
田螺科	**Viviparidae**			
* 螺蛳	*Margarya melanioides*		二级	
蝾螺科	**Turbinidae**			
* 夜光蝾螺	*Turbo marmoratus*		二级	
宝贝科	**Cypraeidae**			
* 虎斑宝贝	*Cypraea tigris*		二级	
冠螺科	**Cassididae**			
* 唐冠螺	*Cassis cornuta*		二级	原名“冠螺”

续表

中文名	学名	保护级别		备注
法螺科	**Charoniidae**			
* 法螺	*Charonia tritonis*		二级	
双壳纲 BIVALVIA				
珍珠贝目	**PTERIOIDA**			
珍珠贝科	**Pteriidae**			
* 大珠母贝	*Pinctada maxima*		二级	仅限野外种群
帘蛤目	**VENEROIDA**			
砗磲科 #	**Tridacnidae**			
* 大砗磲	*Tridacna gigas*	一级		原名“库氏砗磲”
* 无鳞砗磲	*Tridacna derasa*		二级	仅限野外种群
* 鳞砗磲	*Tridacna squamosa*		二级	仅限野外种群
* 长砗磲	*Tridacna maxima*		二级	仅限野外种群
* 番红砗磲	*Tridacna crocea*		二级	仅限野外种群
* 砗蚝	*Hippopus hippopus*		二级	仅限野外种群
蚌目	**UNIONIDA**			
珍珠蚌科	**Margaritanidae**			
* 珠母珍珠蚌	*Margaritiana dahurica*		二级	仅限野外种群
蚌科	**Unionidae**			
* 佛耳丽蚌	*Lamprotula mansuyi*		二级	
* 绢丝丽蚌	*Lamprotula fibrosa*		二级	
* 背瘤丽蚌	*Lamprotula leai*		二级	
* 多瘤丽蚌	*Lamprotula polysticta*		二级	
* 刻裂丽蚌	*Lamprotula scripta*		二级	
截蛏科	**Solecurtidae**			
* 中国淡水蛏	*Novaculina chinensis*		二级	

续表

中文名	学名	保护级别		备注
* 龙骨蛏蚌	*Solenaia carinatus*		二级	
	头足纲 CEPHALOPODA			
鹦鹉螺目	**NAUTILIDA**			
鹦鹉螺科	**Nautilidae**			
* 鹦鹉螺	*Nautilus pompilius*	一级		
	节肢动物门 ARTHROPODA			
	昆虫纲 INSECTA			
双尾目	**DIPLURA**			
铗虮科	**Japygidae**			
伟铗虮	*Atlasjapyx atlas*		二级	
䗛目	**PHASMATODEA**			
叶䗛科 #	**Phyllidae**			
丽叶䗛	*Phyllium pulchrifolium*		二级	
中华叶䗛	*Phyllium sinensis*		二级	
泛叶䗛	*Phyllium celebicum*		二级	
翔叶䗛	*Phyllium westwoodi*		二级	
东方叶䗛	*Phyllium siccifolium*		二级	
独龙叶䗛	*Phyllium drunganum*		二级	
同叶䗛	*Phyllium parum*		二级	
滇叶䗛	*Phyllium yunnanense*		二级	
藏叶䗛	*Phyllium tibetense*		二级	
珍叶䗛	*Phyllium rarum*		二级	
蜻蜓目	**ODONATA**			
箭蜓科	**Gomphidae**			
扭尾曦春蜓	*Heliogomphus retroflexus*		二级	原名“尖板曦箭蜓”

续表

中文名	学名	保护级别		备注
棘角蛇纹春蜓	*Ophiogomphus spinicornis*		二级	原名“宽纹北箭蜓”
缺翅目	**ZORAPTERA**			
缺翅虫科	**Zorotypidae**			
中华缺翅虫	*Zorotypus sinensis*		二级	
墨脱缺翅虫	*Zorotypus medoensis*		二级	
蛩蠊目	**GRYLLOBLATTODAE**			
蛩蠊科	**Grylloblattidae**			
中华蛩蠊	*Galloisiana sinensis*	一级		
陈氏西蛩蠊	*Grylloblattella cheni*	一级		
脉翅目	**NEUROPTERA**			
旌蛉科	**Nemopteridae**			
中华旌蛉	*Nemopistha sinica*		二级	
鞘翅目	**COLEOPTERA**			
步甲科	**Carabidae**			
拉步甲	*Carabus lafossei*		二级	
细胸大步甲	*Carabus osawai*		二级	
巫山大步甲	*Carabus ishizukai*		二级	
库班大步甲	*Carabus kubani*		二级	
桂北大步甲	*Carabus guibeicus*		二级	
贞大步甲	*Carabus penelope*		二级	
蓝鞘大步甲	*Carabus cyaneogigas*		二级	
滇川大步甲	*Carabus yunanensis*		二级	
硕步甲	*Carabus davidi*		二级	
两栖甲科	**Amphizoidae**			
中华两栖甲	*Amphizoa sinica*		二级	

续表

中文名	学名	保护级别		备注
长阎甲科	**Synteliidae**			
中华长阎甲	*Syntelia sinica*		二级	
大卫长阎甲	*Syntelia davidis*		二级	
玛氏长阎甲	*Syntelia mazuri*		二级	
臂金龟科	**Euchiridae**			
戴氏棕臂金龟	*Propomacrus davidi*		二级	
玛氏棕臂金龟	*Propomacrus muramotoae*		二级	
越南臂金龟	*Cheirotonus battareli*		二级	
福氏彩臂金龟	*Cheirotonus fujiokai*		二级	
格彩臂金龟	*Cheirotonus gestroi*		二级	
台湾长臂金龟	*Cheirotonus formosanus*		二级	
阳彩臂金龟	*Cheirotonus jansoni*		二级	
印度长臂金龟	*Cheirotonus macleayii*		二级	
昭沼氏长臂金龟	*Cheirotonus terunumai*		二级	
金龟科	**Scarabaeidae**			
艾氏泽蜣螂	*Scarabaeus erichsoni*		二级	
拜氏蜣螂	*Scarabaeus babori*		二级	
悍马巨蜣螂	*Heliocopris bucephalus*		二级	
上帝巨蜣螂	*Heliocopris dominus*		二级	
迈达斯巨蜣螂	*Heliocopris midas*		二级	
犀金龟科	**Dynastidae**			
戴叉犀金龟	*Trypoxylus davidis*		二级	原名“叉犀金龟”
粗尤犀金龟	*Eupatorus hardwickii*		二级	
细角尤犀金龟	*Eupatorus gracilicornis*		二级	
胫晓扁犀金龟	*Eophileurus tetraspermexitus*		二级	

续表

中文名	学名	保护级别		备注
锹甲科	**Lucanidae**			
安达刀锹甲	*Dorcus antaeus*		二级	
巨叉深山锹甲	*Lucanus hermani*		二级	
鳞翅目	**LEPIDOPTERA**			
凤蝶科	**Papilionidae**			
喙凤蝶	*Teinopalpus imperialism*		二级	
金斑喙凤蝶	*Teinopalpus aureus*	一级		
裳凤蝶	*Troides helena*		二级	
金裳凤蝶	*Troides aeacus*		二级	
荧光裳凤蝶	*Troides magellanus*		二级	
鸟翼裳凤蝶	*Troides amphrysus*		二级	
珂裳凤蝶	*Troides criton*		二级	
楔纹裳凤蝶	*Troides cuneifera*		二级	
小斑裳凤蝶	*Troides haliphron*		二级	
多尾凤蝶	*Bhutanitis lidderdalii*		二级	
不丹尾凤蝶	*Bhutanitis ludlowi*		二级	
双尾凤蝶	*Bhutanitis mansfieldi*		二级	
玄裳尾凤蝶	*Bhutanitis nigrilima*		二级	
三尾凤蝶	*Bhutanitis thaidina*		二级	
玉龙尾凤蝶	*Bhutanitis yulongensis*		二级	
丽斑尾凤蝶	*Bhutanitis pulchristriata*		二级	
锤尾凤蝶	*Losaria coon*		二级	
中华虎凤蝶	*Luehdorfia chinensis*		二级	
蛱蝶科	**Nymphalidae**			
最美紫蛱蝶	*Sasakia pulcherrima*		二级	

续表

中文名	学名	保护级别		备注
黑紫蛱蝶	*Sasakia funebris*		二级	
绢蝶科	**Parnassidae**			
阿波罗绢蝶	*Parnassius apollo*		二级	
君主绢蝶	*Parnassius imperator*		二级	
灰蝶科	**Lycaenidae**			
大斑霾灰蝶	*Maculinea arionides*		二级	
秀山白灰蝶	*Phengaris xiushani*		二级	
蛛形纲 ARACHNIDA				
蜘蛛目	**ARANEAE**			
捕鸟蛛科	**Theraphosidae**			
海南塞勒蛛	*Cyriopagopus hainanus*		二级	
肢口纲 MEROSTOMATA				
剑尾目	**XIPHOSURA**			
鲎科 #	**Tachypleidae**			
* 中国鲎	*Tachypleus tridentatus*		二级	
* 圆尾蝎鲎	*Carcinoscorpius rotundicauda*		二级	
软甲纲 MALACOSTRACA				
十足目	**DECAPODA**			
龙虾科	**Palinuridae**			
* 锦绣龙虾	*Panulirus ornatus*		二级	仅限野外种群
半索动物门 HEMICHORDATA				
肠鳃纲 ENTEROPNEUSTA				
柱头虫目	**BALANOGLOSSIDA**			
殖翼柱头虫科	**Ptychoderidae**			
* 多鳃孔舌形虫	*Glossobalanus polybranchioporus*	一级		

续表

中文名	学名	保护级别		备注
* 三崎柱头虫	*Balanoglossus misakiensis*		二级	
* 短殖舌形虫	*Glossobalanus mortenseni*		二级	
* 肉质柱头虫	*Balanoglossus carnosus*		二级	
* 黄殖翼柱头虫	*Ptychodera flava*		二级	
史氏柱头虫科	**Spengeliidae**			
* 青岛橡头虫	*Glandiceps qingdaoensis*		二级	
玉钩虫科	**Harrimaniidae**			
* 黄岛长吻虫	*Saccoglossus hwangtauensis*	一级		
脊索动物门 CHORDATA				
文昌鱼纲 AMPHIOXI				
文昌鱼目	**AMPHIOXIFORMES**			
文昌鱼科 #	**Branchiostomatidae**			
* 厦门文昌鱼	*Branchiostoma belcheri*		二级	仅限野外种群。原名“文昌鱼”
* 青岛文昌鱼	*Branchiostoma tsingdauense*		二级	仅限野外种群
圆口纲 CYCLOSTOMATA				
七鳃鳗目	**PETROMYZONTIFORMES**			
七鳃鳗科 #	**Petromyzontidae**			
* 日本七鳃鳗	*Lampetra japonica*		二级	
* 东北七鳃鳗	*Lampetra morii*		二级	
* 雷氏七鳃鳗	*Lampetra reissneri*		二级	
软骨鱼纲 CHONDRICHTHYES				
鼠鲨目	**LAMNIFORMES**			
姥鲨科	**Cetorhinidae**			
* 姥鲨	*Cetorhinus maximus*		二级	
鼠鲨科	**Lamnidae**			

续表

中文名	学名	保护级别		备注
* 噬人鲨	*Carcharodon carcharias*		二级	
须鲨目	**ORECTOLOBIFORMES**			
鲸鲨科	**Rhincodontidae**			
* 鲸鲨	*Rhincodon typus*		二级	
鲼目	**MYLIOBATIFORMES**			
魟科	**Dasyatidae**			
* 黄魟	*Dasyatis bennettii*		二级	仅限陆封种群
硬骨鱼纲 OSTEICHTHYES				
鲟形目 #	**ACIPENSERIFORMES**			
鲟科	**Acipenseridae**			
* 中华鲟	*Acipenser sinensis*	一级		
* 长江鲟	*Acipenser dabryanus*	一级		原名“达氏鲟”
* 鳇	*Huso dauricus*	一级		仅限野外种群
* 西伯利亚鲟	*Acipenser baerii*		二级	仅限野外种群
* 裸腹鲟	*Acipenser nudiventris*		二级	仅限野外种群
* 小体鲟	*Acipenser ruthenus*		二级	仅限野外种群
* 施氏鲟	*Acipenser schrenckii*		二级	仅限野外种群
匙吻鲟科	**Polyodontidae**			
* 白鲟	*Psephurus gladius*	一级		
鳗鲡目	**ANGUILLIFORMES**			
鳗鲡科	**Anguillidae**			
* 花鳗鲡	*Anguilla marmorata*		二级	
鲱形目	**CLUPEIFORMES**			
鲱科	**Clupeidae**			
* 鲥	*Tenualosa reevesii*	一级		

续表

中文名	学名	保护级别		备注
鲤形目	**CYPRINIFORMES**			
双孔鱼科	**Gyrinocheilidae**			
* 双孔鱼	*Gyrinocheilus aymonieri*		二级	仅限野外种群
裸吻鱼科	**Psilorhynchidae**			
* 平鳍裸吻鱼	*Psilorhynchus homaloptera*		二级	
亚口鱼科	**Catostomidae**			原名“胭脂鱼科”
* 胭脂鱼	*Myxocyprinus asiaticus*		二级	仅限野外种群
鲤科	**Cyprinidae**			
* 唐鱼	*Tanichthys albonubes*		二级	仅限野外种群
* 稀有鮈鲫	*Gobiocypris rarus*		二级	仅限野外种群
* 鯮	*Luciobrama macrocephalus*		二级	
* 多鳞白鱼	*Anabarilius polylepis*		二级	
* 山白鱼	*Anabarilius transmontanus*		二级	
* 北方铜鱼	*Coreius septentrionalis*	一级		
* 圆口铜鱼	*Coreius guichenoti*		二级	仅限野外种群
* 大鼻吻鮈	*Rhinogobio nasutus*		二级	
* 长鳍吻鮈	*Rhinogobio ventralis*		二级	
* 平鳍鳅鮀	*Gobiobotia homalopteroidea*		二级	
* 单纹似鳡	*Luciocyprinus langsoni*		二级	
* 金线鲃属所有种	*Sinocyclocheilus* spp.		二级	
* 四川白甲鱼	*Onychostoma angustistomata*		二级	
* 多鳞白甲鱼	*Onychostoma macrolepis*		二级	仅限野外种群
* 金沙鲈鲤	*Percocypris pingi*		二级	仅限野外种群
* 花鲈鲤	*Percocypris regani*		二级	仅限野外种群
* 后背鲈鲤	*Percocypris retrodorslis*		二级	仅限野外种群

续表

中文名	学名	保护级别		备注
* 张氏鲈鲤	*Percocypris tchangi*		二级	仅限野外种群
* 裸腹盲鲃	*Typhlobarbus nudiventris*		二级	
* 角鱼	*Akrokolioplax bicornis*		二级	
* 骨唇黄河鱼	*Chuanchia labiosa*		二级	
* 极边扁咽齿鱼	*Platypharodon extremus*		二级	仅限野外种群
* 细鳞裂腹鱼	*Schizothorax chongi*		二级	仅限野外种群
* 巨须裂腹鱼	*Schizothorax macropogon*		二级	
* 重口裂腹鱼	*Schizothorax davidi*		二级	仅限野外种群
* 拉萨裂腹鱼	*Schizothorax waltoni*		二级	仅限野外种群
* 塔里木裂腹鱼	*Schizothorax biddulphi*		二级	仅限野外种群
* 大理裂腹鱼	*Schizothorax taliensis*		二级	仅限野外种群
* 扁吻鱼	*Aspiorhynchus laticeps*	一级		原名“新疆大头鱼”
* 厚唇裸重唇鱼	*Gymnodiptychus pachycheilus*		二级	仅限野外种群
* 斑重唇鱼	*Diptychus maculatus*		二级	
* 尖裸鲤	*Oxygymnocypris stewartii*		二级	仅限野外种群
* 大头鲤	*Cyprinus pellegrini*		二级	仅限野外种群
* 小鲤	*Cyprinus micristius*		二级	
* 抚仙鲤	*Cyprinus fuxianensis*		二级	
* 岩原鲤	*Procypris rabaudi*		二级	仅限野外种群
* 乌原鲤	*Procypris merus*		二级	
* 大鳞鲢	*Hypophthalmichthys harmandi*		二级	
鳅科	**Cobitidae**			
* 红唇薄鳅	*Leptobotia rubrilabris*		二级	仅限野外种群
* 黄线薄鳅	*Leptobotia flavolineata*		二级	
* 长薄鳅	*Leptobotia elongata*		二级	仅限野外种群

续表

中文名	学名	保护级别		备注
条鳅科	**Nemacheilidae**			
* 无眼岭鳅	*Oreonectes anophthalmus*		二级	
* 拟鲇高原鳅	*Triplophysa siluroides*		二级	仅限野外种群
* 湘西盲高原鳅	*Triplophysa xiangxiensis*		二级	
* 小头高原鳅	*Triphophysa minuta*		二级	
爬鳅科	**Balitoridae**			
* 厚唇原吸鳅	*Protomyzon pachychilus*		二级	
鲇形目	**SILURIFORMES**			
鲿科	**Bagridae**			
* 斑鳠	*Hemibagrus guttatus*		二级	仅限野外种群
鲇科	**Siluridae**			
* 昆明鲇	*Silurus mento*		二级	
𩷶科	**Pangasiidae**			
* 长丝𩷶	*Pangasius sanitwangsei*	一级		
钝头鮠科	**Amblycipitidae**			
* 金氏𩷣	*Liobagrus kingi*		二级	
鮡科	**Sisoridae**			
* 长丝黑鮡	*Gagata dolichonema*		二级	
* 青石爬鮡	*Euchiloglanis davidi*		二级	
* 黑斑原鮡	*Glyptosternum maculatum*		二级	
* 魾	*Bagarius bagarius*		二级	
* 红魾	*Bagarius rutilus*		二级	
* 巨魾	*Bagarius yarrelli*		二级	
鲑形目	**SALMONIFORMES**			
鲑科	**Salmonidae**			

续表

中文名	学名	保护级别		备注
* 细鳞鲑属所有种	*Brachymystax* spp.		二级	仅限野外种群
* 川陕哲罗鲑	*Hucho bleekeri*	一级		
* 哲罗鲑	*Hucho taimen*		二级	仅限野外种群
* 石川氏哲罗鲑	*Hucho ishikawai*		二级	
* 花羔红点鲑	*Salvelinus malma*		二级	仅限野外种群
* 马苏大马哈鱼	*Oncorhynchus masou*		二级	
* 北鲑	*Stenodus leucichthys*		二级	
* 北极茴鱼	*Thymallus arcticus*		二级	仅限野外种群
* 下游黑龙江茴鱼	*Thymallus tugarinae*		二级	仅限野外种群
* 鸭绿江茴鱼	*Thymallus yaluensis*		二级	仅限野外种群
海龙鱼目	**SYNGNATHIFORMES**			
海龙鱼科	**Syngnathidae**			
* 海马属所有种	*Hippocampus* spp.		二级	仅限野外种群
鲈形目	**PERCIFORMES**			
石首鱼科	**Sciaenidae**			
* 黄唇鱼	*Bahaba taipingensis*	一级		
隆头鱼科	**Labridae**			
* 波纹唇鱼	*Cheilinus undulatus*		二级	仅限野外种群
鲉形目	**SCORPAENIFORMES**			
杜父鱼科	**Cottidae**			
* 松江鲈	*Trachidermus fasciatus*		二级	仅限野外种群。原名“松江鲈鱼”
两栖纲 AMPHIBIA				
蚓螈目	**GYMNOPHIONA**			
鱼螈科	**Ichthyophiidae**			
版纳鱼螈	*Ichthyophis bannanicus*		二级	

续表

中文名	学名	保护级别		备注
有尾目	**CAUDATA**			
小鲵科 #	**Hynobiidae**			
* 安吉小鲵	*Hynobius amjiensis*	一级		
* 中国小鲵	*Hynobius chinensis*	一级		
* 挂榜山小鲵	*Hynobius guabangshanensis*	一级		
* 猫儿山小鲵	*Hynobius maoershanensis*	一级		
* 普雄原鲵	*Protohynobius puxiongensis*	一级		
* 辽宁爪鲵	*Onychodactylus zhaoermii*	一级		
* 吉林爪鲵	*Onychodactylus zhangyapingi*		二级	
* 新疆北鲵	*Ranodon sibiricus*		二级	
* 极北鲵	*Salamandrella keyserlingii*		二级	
* 巫山巴鲵	*Liua shihi*		二级	
* 秦巴巴鲵	*Liua tsinpaensis*		二级	
* 黄斑拟小鲵	*Pseudohynobius flavomaculatus*		二级	
* 贵州拟小鲵	*Pseudohynobius guizhouensis*		二级	
* 金佛拟小鲵	*Pseudohynobius jinfo*		二级	
* 宽阔水拟小鲵	*Pseudohynobius kuankuoshuiensis*		二级	
* 水城拟小鲵	*Pseudohynobius shuichengensis*		二级	
* 弱唇褶山溪鲵	*Batrachuperus cochranae*		二级	
* 无斑山溪鲵	*Batrachuperus karlschmidti*		二级	
* 龙洞山溪鲵	*Batrachuperus londongensis*		二级	
* 山溪鲵	*Batrachuperus pinchonii*		二级	
* 西藏山溪鲵	*Batrachuperus tibetanus*		二级	
* 盐源山溪鲵	*Batrachuperus yenyuanensis*		二级	
* 阿里山小鲵	*Hynobius arisanensis*		二级	

续表

中文名	学名	保护级别		备注
* 台湾小鲵	*Hynobius formosanus*		二级	
* 观雾小鲵	*Hynobius fuca*		二级	
* 南湖小鲵	*Hynobius glacialis*		二级	
* 东北小鲵	*Hynobius leechii*		二级	
* 楚南小鲵	*Hynobius sonani*		二级	
* 义乌小鲵	*Hynobius yiwuensis*		二级	
隐鳃鲵科	**Cryptobranchidae**			
* 大鲵	*Andrias davidianus*		二级	仅限野外种群
蝾螈科	**Salamandridae**			
* 潮汕蝾螈	*Cynops orphicus*		二级	
* 大凉螈	*Liangshantriton taliangensis*		二级	原名“大凉疣螈”
* 贵州疣螈	*Tylototriton kweichowensis*		二级	
* 川南疣螈	*Tylototriton pseudoverrucosus*		二级	
* 丽色疣螈	*Tylototriton pulcherrima*		二级	
* 红瘰疣螈	*Tylototriton shanjing*		二级	
* 棕黑疣螈	*Tylototriton verrucosus*		二级	原名“细瘰疣螈”
* 滇南疣螈	*Tylototriton yangi*		二级	
* 安徽瑶螈	*Yaotriton anhuiensis*		二级	
* 细痣瑶螈	*Yaotriton asperrimus*		二级	原名“细痣疣螈”
* 宽脊瑶螈	*Yaotriton broadoridgus*		二级	
* 大别瑶螈	*Yaotriton dabienicus*		二级	
* 海南瑶螈	*Yaotriton hainanensis*		二级	
* 浏阳瑶螈	*Yaotriton liuyangensis*		二级	
* 莽山瑶螈	*Yaotriton lizhenchangi*		二级	
* 文县瑶螈	*Yaotriton wenxianensis*		二级	

续表

中文名	学名	保护级别		备注
* 蔡氏瑶螈	*Yaotriton ziegleri*		二级	
* 镇海棘螈	*Echinotriton chinhaiensis*	一级		原名“镇海疣螈”
* 琉球棘螈	*Echinotriton andersoni*		二级	
* 高山棘螈	*Echinotriton maxiquadratus*		二级	
* 橙脊瘰螈	*Paramesotriton aurantius*		二级	
* 尾斑瘰螈	*Paramesotriton caudopunctatus*		二级	
* 中国瘰螈	*Paramesotriton chinensis*		二级	
* 越南瘰螈	*Paramesotriton deloustali*		二级	
* 富钟瘰螈	*Paramesotriton fuzhongensis*		二级	
* 广西瘰螈	*Paramesotriton guangxiensis*		二级	
* 香港瘰螈	*Paramesotriton hongkongensis*		二级	
* 无斑瘰螈	*Paramesotriton labiatus*		二级	
* 龙里瘰螈	*Paramesotriton longliensis*		二级	
* 茂兰瘰螈	*Paramesotriton maolanensis*		二级	
* 七溪岭瘰螈	*Paramesotriton qixilingensis*		二级	
* 武陵瘰螈	*Paramesotriton wulingensis*		二级	
* 云雾瘰螈	*Paramesotriton yunwuensis*		二级	
* 织金瘰螈	*Paramesotriton zhijinensis*		二级	
无尾目	**ANURA**			
角蟾科	**Megophryidae**			
抱龙角蟾	*Boulenophrys baolongensis*		二级	
凉北齿蟾	*Oreolalax liangbeiensis*		二级	
金顶齿突蟾	*Scutiger chintingensis*		二级	
九龙齿突蟾	*Scutiger jiulongensis*		二级	
木里齿突蟾	*Scutiger muliensis*		二级	

续表

中文名	学名	保护级别		备注
宁陕齿突蟾	*Scutiger ningshanensis*		二级	
平武齿突蟾	*Scutiger pingwuensis*		二级	
哀牢髭蟾	*Vibrissaphora ailaonica*		二级	
峨眉髭蟾	*Vibrissaphora boringii*		二级	
雷山髭蟾	*Vibrissaphora leishanensis*		二级	
原髭蟾	*Vibrissaphora promustache*		二级	
南澳岛角蟾	*Xenophrys insularis*		二级	
水城角蟾	*Xenophrys shuichengensis*		二级	
蟾蜍科	**Bufonidae**			
史氏蟾蜍	*Bufo stejnegeri*		二级	
鳞皮小蟾	*Parapelophryne scalpta*		二级	
乐东蟾蜍	*Qiongbufo ledongensis*		二级	
无棘溪蟾	*Bufo aspinius*		二级	
叉舌蛙科	**Dicroglossidae**			
* 虎纹蛙	*Hoplobatrachus chinensis*		二级	仅限野外种群
* 脆皮大头蛙	*Limnonectes fragilis*		二级	
* 叶氏肛刺蛙	*Yerana yei*		二级	
蛙科	**Ranidae**			
* 海南湍蛙	*Amolops hainanensis*		二级	
* 香港湍蛙	*Amolops hongkongenis*		二级	
* 小腺蛙	*Glandirana minima*		二级	
* 务川臭蛙	*Odorrana wuchuanensis*		二级	
树蛙科	**Rhacophoridae**			
巫溪树蛙	*Rhacophorus hongchibaensis*		二级	
老山树蛙	*Rhacophorus laoshan*		二级	

续表

中文名	学名	保护级别		备注
罗默刘树蛙	*Liuixalus romeri*		二级	
洪佛树蛙	*Rhacophorus hungfuensis*		二级	
爬行纲 REPTILIA				
龟鳖目	**TESTUDINES**			
平胸龟科 #	**Platysternidae**			
* 平胸龟	*Platysternon megacephalum*		二级	仅限野外种群
陆龟科 #	**Testudinidae**			
缅甸陆龟	*Indotestudo elongata*	一级		
凹甲陆龟	*Manouria impressa*	一级		
四爪陆龟	*Testudo horsfieldii*	一级		
地龟科	**Geoemydidae**			
* 欧氏摄龟	*Cyclemys oldhamii*		二级	
* 黑颈乌龟	*Mauremys nigricans*		二级	仅限野外种群
* 乌龟	*Mauremys reevesii*		二级	仅限野外种群
* 花龟	*Mauremys sinensis*		二级	仅限野外种群
* 黄喉拟水龟	*Mauremys mutica*		二级	仅限野外种群
* 闭壳龟属所有种	*Cuora* spp.		二级	仅限野外种群
* 地龟	*Geoemyda spengleri*		二级	
* 眼斑水龟	*Sacalia bealei*		二级	仅限野外种群
* 四眼斑水龟	*Sacalia quadriocellata*		二级	仅限野外种群
海龟科 #	**Cheloniidae**			
* 红海龟	*Caretta caretta*	一级		原名“蠵龟”
* 绿海龟	*Chelonia mydas*	一级		
* 玳瑁	*Eretmochelys imbricata*	一级		
* 太平洋丽龟	*Lepidochelys olivacea*	一级		

续表

中文名	学名	保护级别		备注
棱皮龟科 #	**Dermochelyidae**			
* 棱皮龟	*Dermochelys coriacea*	一级		
鳖科	**Trionychidae**			
* 鼋	*Pelochelys cantorii*	一级		
* 山瑞鳖	*Palea steindachneri*		二级	仅限野外种群
* 斑鳖	*Rafetus swinhoei*	一级		
有鳞目	**SQUAMATA**			
壁虎科	**Gekkonidae**			
大壁虎	*Gekko gecko*		二级	
黑疣大壁虎	*Gekko reevesii*		二级	
球趾虎科	**Sphaerodactylidae**			
伊犁沙虎	*Teratoscincus scincus*		二级	
吐鲁番沙虎	*Teratoscincus roborowskii*		二级	
睑虎科 #	**Eublepharidae**			
英德睑虎	*Goniurosaurus yingdeensis*		二级	
越南睑虎	*Goniurosaurus araneus*		二级	
霸王岭睑虎	*Goniurosaurus bawanglingensis*		二级	
海南睑虎	*Goniurosaurus hainanensis*		二级	
嘉道理睑虎	*Goniurosaurus kadoorieorum*		二级	
广西睑虎	*Goniurosaurus kwangsiensis*		二级	
荔波睑虎	*Goniurosaurus liboensis*		二级	
凭祥睑虎	*Goniurosaurus luii*		二级	
蒲氏睑虎	*Goniurosaurus zhelongi*		二级	
周氏睑虎	*Goniurosaurus zhoui*		二级	
鬣蜥科	**Agamidae**			

续表

中文名	学名	保护级别		备注
巴塘龙蜥	*Diploderma batangense*		二级	
短尾龙蜥	*Diploderma brevicaudum*		二级	
侏龙蜥	*Diploderma drukdaypo*		二级	
滑腹龙蜥	*Diploderma laeviventre*		二级	
宜兰龙蜥	*Diploderma luei*		二级	
溪头龙蜥	*Diploderma makii*		二级	
帆背龙蜥	*Diploderma vela*		二级	
蜡皮蜥	*Leiolepis reevesii*		二级	
贵南沙蜥	*Phrynocephalus guinanensis*		二级	
大耳沙蜥	*Phrynocephalus mystaceus*	一级		
长鬣蜥	*Physignathus cocincinus*		二级	
蛇蜥科 #	**Anguidae**			
细脆蛇蜥	*Ophisaurus gracilis*		二级	
海南脆蛇蜥	*Ophisaurus hainanensis*		二级	
脆蛇蜥	*Ophisaurus harti*		二级	
鳄蜥科	**Shinisauridae**			
鳄蜥	*Shinisaurus crocodilurus*	一级		
巨蜥科 #	**Varanidae**			
孟加拉巨蜥	*Varanus bengalensis*	一级		
圆鼻巨蜥	*Varanus salvator*	一级		原名“巨蜥”
石龙子科	**Scincidae**			
桓仁滑蜥	*Scincella huanrenensis*		二级	
双足蜥科	**Dibamidae**			
香港双足蜥	*Dibamus bogadeki*		二级	
盲蛇科	**Typhlopidae**			

续表

中文名	学名	保护级别		备注
香港盲蛇	*Indotyphlops lazelli*		二级	
筒蛇科	**Cylindrophiidae**			
红尾筒蛇	*Cylindrophis ruffus*		二级	
闪鳞蛇科	**Xenopeltidae**			
闪鳞蛇	*Xenopeltis unicolor*		二级	
蚺科 #	**Boidae**			
红沙蟒	*Eryx miliaris*		二级	
东方沙蟒	*Eryx tataricus*		二级	
蟒科 #	**Pythonidae**			
蟒蛇	*Python bivittatus*		二级	原名“蟒”
闪皮蛇科	**Xenodermidae**			
井冈山脊蛇	*Achalinus jinggangensis*		二级	
游蛇科	**Colubridae**			
三索蛇	*Coelognathus radiatus*		二级	
团花锦蛇	*Elaphe davidi*		二级	
横斑锦蛇	*Euprepiophis perlaceus*		二级	
尖喙蛇	*Rhynchophis boulengeri*		二级	
西藏温泉蛇	*Thermophis baileyi*	一级		
香格里拉温泉蛇	*Thermophis shangrila*	一级		
四川温泉蛇	*Thermophis zhaoermii*	一级		
黑网乌梢蛇	*Zaocys carinatus*		二级	
瘰鳞蛇科	**Acrochordidae**			
* 瘰鳞蛇	*Acrochordus granulatus*		二级	
眼镜蛇科	**Elapidae**			
眼镜王蛇	*Ophiophagus hannah*		二级	

续表

中文名	学名	保护级别		备注
* 蓝灰扁尾海蛇	*Laticauda colubrina*		二级	
* 扁尾海蛇	*Laticauda laticaudata*		二级	
* 半环扁尾海蛇	*Laticauda semifasciata*		二级	
* 龟头海蛇	*Emydocephalus ijimae*		二级	
* 青环海蛇	*Hydrophis cyanocinctus*		二级	
* 环纹海蛇	*Hydrophis fasciatus*		二级	
* 黑头海蛇	*Hydrophis melanocephalus*		二级	
* 淡灰海蛇	*Hydrophis ornatus*		二级	
* 棘眦海蛇	*Hydrophis peronii*		二级	
* 棘鳞海蛇	*Hydrophis stokesii*		二级	
* 青灰海蛇	*Hydrophis caerulescens*		二级	
* 平颏海蛇	*Hydrophis curtus*		二级	
* 小头海蛇	*Hydrophis gracilis*		二级	
* 长吻海蛇	*Hydrophis platurus*		二级	
* 截吻海蛇	*Hydrophis jerdonii*		二级	
* 海蝰	*Hydrophis viperinus*		二级	
蝰科	**Viperidae**			
泰国圆斑蝰	*Daboia siamensis*		二级	
蛇岛蝮	*Gloydius shedaoensis*		二级	
角原矛头蝮	*Protobothrops cornutus*		二级	
莽山烙铁头蛇	*Protobothrops mangshanensis*	一级		
极北蝰	*Vipera berus*		二级	
东方蝰	*Vipera renardi*		二级	
鳄目	**CROCODYLIA**			
鼍科 #	**Alligatoridae**			

续表

中文名	学名	保护级别		备注
* 扬子鳄	*Alligator sinensis*	一级		
鸟纲 AVES				
鸡形目	**GALLIFORMES**			
雉科	**Phasianidae**			
环颈山鹧鸪	*Arborophila torqueola*		二级	
四川山鹧鸪	*Arborophila rufipectus*	一级		
红喉山鹧鸪	*Arborophila rufogularis*		二级	
白眉山鹧鸪	*Arborophila gingica*		二级	
白颊山鹧鸪	*Arborophila atrogularis*		二级	
褐胸山鹧鸪	*Arborophila brunneopectus*		二级	
红胸山鹧鸪	*Arborophila mandellii*		二级	
台湾山鹧鸪	*Arborophila crudigularis*		二级	
海南山鹧鸪	*Arborophila ardens*	一级		
绿脚树鹧鸪	*Tropicoperdix chloropus*		二级	
花尾榛鸡	*Tetrastes bonasia*		二级	
斑尾榛鸡	*Tetrastes sewerzowi*	一级		
镰翅鸡	*Falcipennis falcipennis*		二级	
松鸡	*Tetrao urogallus*		二级	
黑嘴松鸡	*Tetrao urogalloides*	一级		原名“细嘴松鸡”
黑琴鸡	*Lyrurus tetrix*	一级		
岩雷鸟	*Lagopus muta*		二级	
柳雷鸟	*Lagopus lagopus*		二级	
红喉雉鹑	*Tetraophasis obscurus*	一级		
黄喉雉鹑	*Tetraophasis szechenyii*	一级		
暗腹雪鸡	*Tetraogallus himalayensis*		二级	

续表

中文名	学名	保护级别		备注
藏雪鸡	*Tetraogallus tibetanus*		二级	
阿尔泰雪鸡	*Tetraogallus altaicus*		二级	
大石鸡	*Alectoris magna*		二级	
血雉	*Ithaginis cruentus*		二级	
黑头角雉	*Tragopan melanocephalus*	一级		
红胸角雉	*Tragopan satyra*	一级		
灰腹角雉	*Tragopan blythii*	一级		
红腹角雉	*Tragopan temminckii*		二级	
黄腹角雉	*Tragopan caboti*	一级		
勺鸡	*Pucrasia macrolopha*		二级	
棕尾虹雉	*Lophophorus impejanus*	一级		
白尾梢虹雉	*Lophophorus sclateri*	一级		
绿尾虹雉	*Lophophorus lhuysii*	一级		
红原鸡	*Gallus gallus*		二级	原名“原鸡”
黑鹇	*Lophura leucomelanos*		二级	
白鹇	*Lophura nycthemera*		二级	
蓝腹鹇	*Lophura swinhoii*	一级		原名“蓝鹇”
白马鸡	*Crossoptilon crossoptilon*		二级	
藏马鸡	*Crossoptilon harmani*		二级	
褐马鸡	*Crossoptilon mantchuricum*	一级		
蓝马鸡	*Crossoptilon auritum*		二级	
白颈长尾雉	*Syrmaticus ellioti*	一级		
黑颈长尾雉	*Syrmaticus humiae*	一级		
黑长尾雉	*Syrmaticus mikado*	一级		
白冠长尾雉	*Syrmaticus reevesii*	一级		

续表

中文名	学名	保护级别		备注
红腹锦鸡	*Chrysolophus pictus*		二级	
白腹锦鸡	*Chrysolophus amherstiae*		二级	
灰孔雀雉	*Polyplectron bicalcaratum*	一级		
海南孔雀雉	*Polyplectron katsumatae*	一级		
绿孔雀	*Pavo muticus*	一级		
雁形目	**ANSERIFORMES**			
鸭科	**Anatidae**			
栗树鸭	*Dendrocygna javanica*		二级	
鸿雁	*Anser cygnoid*		二级	
白额雁	*Anser albifrons*		二级	
小白额雁	*Anser erythropus*		二级	
红胸黑雁	*Branta ruficollis*		二级	
疣鼻天鹅	*Cygnus olor*		二级	
小天鹅	*Cygnus columbianus*		二级	
大天鹅	*Cygnus cygnus*		二级	
鸳鸯	*Aix galericulata*		二级	
棉凫	*Nettapus coromandelianus*		二级	
花脸鸭	*Sibirionetta formosa*		二级	
云石斑鸭	*Marmaronetta angustirostris*		二级	
青头潜鸭	*Aythya baeri*	一级		
斑头秋沙鸭	*Mergellus albellus*		二级	
中华秋沙鸭	*Mergus squamatus*	一级		
白头硬尾鸭	*Oxyura leucocephalu*	一级		
白翅栖鸭	*Asarcornis scutulata*		二级	
䴙䴘目	**PODICIPEDIFORMES**			

续表

中文名	学名	保护级别		备注
䴙䴘科	**Podicipedidae**			
赤颈䴙䴘	*Podiceps grisegena*		二级	
角䴙䴘	*Podiceps auritus*		二级	
黑颈䴙䴘	*Podiceps nigricollis*		二级	
鸽形目	**COLUMBIFORMES**			
鸠鸽科	**Columbidae**			
中亚鸽	*Columba eversmanni*		二级	
斑尾林鸽	*Columba palumbus*		二级	
紫林鸽	*Columba punicea*		二级	
斑尾鹃鸠	*Macropygia unchall*		二级	
菲律宾鹃鸠	*Macropygia tenuirostris*		二级	
小鹃鸠	*Macropygia ruficeps*	一级		原名“棕头鹃鸠”
橙胸绿鸠	*Treron bicinctus*		二级	
灰头绿鸠	*Treron pompadora*		二级	
厚嘴绿鸠	*Treron curvirostra*		二级	
黄脚绿鸠	*Treron phoenicopterus*		二级	
针尾绿鸠	*Treron apicauda*		二级	
楔尾绿鸠	*Treron sphenurus*		二级	
红翅绿鸠	*Treron sieboldii*		二级	
红顶绿鸠	*Treron formosae*		二级	
黑颏果鸠	*Ptilinopus leclancheri*		二级	
绿皇鸠	*Ducula aenea*		二级	
山皇鸠	*Ducula badia*		二级	
沙鸡目	**PTEROCLIFORMES**			
沙鸡科	**Pteroclidae**			

续表

中文名	学名	保护级别		备注
黑腹沙鸡	*Pterocles orientalis*		二级	
夜鹰目	**CAPRIMULGIFORMES**			
蛙口夜鹰科	**Podargidae**			
黑顶蛙口夜鹰	*Batrachostomus hodgsoni*		二级	
凤头雨燕科	**Hemiprocnidae**			
凤头雨燕	*Hemiprocne coronata*		二级	
雨燕科	**Apodidae**			
爪哇金丝燕	*Aerodramus fuciphagus*		二级	
灰喉针尾雨燕	*Hirundapus cochinchinensis*		二级	
鹃形目	**CUCULIFORMES**			
杜鹃科	**Cuculidae**			
褐翅鸦鹃	*Centropus sinensis*		二级	
小鸦鹃	*Centropus bengalensis*		二级	
鸨形目 #	**OTIDIFORMES**			
鸨科	**Otididae**			
大鸨	*Otis tarda*	一级		
波斑鸨	*Chlamydotis macqueenii*	一级		
小鸨	*Tetrax tetrax*	一级		
鹤形目	**GRUIFORMES**			
秧鸡科	**Rallidae**			
花田鸡	*Coturnicops exquisitus*		二级	
长脚秧鸡	*Crex crex*		二级	
棕背田鸡	*Zapornia bicolor*		二级	
姬田鸡	*Zapornia parva*		二级	
斑胁田鸡	*Zapornia paykullii*		二级	

续表

中文名	学名	保护级别		备注
紫水鸡	*Porphyrio porphyrio*		二级	
鹤科 #	**Gruidae**			
白鹤	*Grus leucogeranus*	一级		
沙丘鹤	*Grus canadensis*		二级	
白枕鹤	*Grus vipio*	一级		
赤颈鹤	*Grus antigone*	一级		
蓑羽鹤	*Grus virgo*		二级	
丹顶鹤	*Grus japonensis*	一级		
灰鹤	*Grus grus*		二级	
白头鹤	*Grus monacha*	一级		
黑颈鹤	*Grus nigricollis*	一级		
鸻形目	**CHARADRIIFORMES**			
石鸻科	**Burhinidae**			
大石鸻	*Esacus recurvirostris*		二级	
鹮嘴鹬科	**Ibidorhynchidae**			
鹮嘴鹬	*Ibidorhyncha struthersii*		二级	
鸻科	**Charadriidae**			
黄颊麦鸡	*Vanellus gregarius*		二级	
水雉科	**Jacanidae**			
水雉	*Hydrophasianus chirurgus*		二级	
铜翅水雉	*Metopidius indicus*		二级	
鹬科	**Scolopacidae**			
林沙锥	*Gallinago nemoricola*		二级	
半蹼鹬	*Limnodromus semipalmatus*		二级	
小杓鹬	*Numenius minutus*		二级	

续表

中文名	学名	保护级别		备注
白腰杓鹬	*Numenius arquata*		二级	
大杓鹬	*Numenius madagascariensis*		二级	
小青脚鹬	*Tringa guttifer*	一级		
翻石鹬	*Arenaria interpres*		二级	
大滨鹬	*Calidris tenuirostris*		二级	
勺嘴鹬	*Calidris pygmaea*	一级		
阔嘴鹬	*Calidris falcinellus*		二级	
燕鸻科	**Glareolidae**			
灰燕鸻	*Glareola lactea*		二级	
鸥科	**Laridae**			
黑嘴鸥	*Saundersilarus saundersi*	一级		
小鸥	*Hydrocoloeus minutus*		二级	
遗鸥	*Ichthyaetus relictus*	一级		
大凤头燕鸥	*Thalasseus bergii*		二级	
中华凤头燕鸥	*Thalasseus bernsteini*	一级		原名“黑嘴端凤头燕鸥”
河燕鸥	*Sterna aurantia*	一级		原名“黄嘴河燕鸥”
黑腹燕鸥	*Sterna acuticauda*		二级	
黑浮鸥	*Chlidonias niger*		二级	
海雀科	**Alcidae**			
冠海雀	*Synthliboramphus wumizusume*		二级	
鹱形目	**PROCELLARIIFORMES**			
信天翁科	**Diomedeidae**			
黑脚信天翁	*Phoebastria nigripes*	一级		
短尾信天翁	*Phoebastria albatrus*	一级		
鹳形目	**CICONIIFORMES**			

续表

中文名	学名	保护级别		备注
鹳科	**Ciconiidae**			
彩鹳	*Mycteria leucocephala*	一级		
黑鹳	*Ciconia nigra*	一级		
白鹳	*Ciconia ciconia*	一级		
东方白鹳	*Ciconia boyciana*	一级		
秃鹳	*Leptoptilos javanicus*		二级	
鲣鸟目	**SULIFORMES**			
军舰鸟科	**Fregatidae**			
白腹军舰鸟	*Fregata andrewsi*	一级		
黑腹军舰鸟	*Fregata minor*		二级	
白斑军舰鸟	*Fregata ariel*		二级	
鲣鸟科 #	**Sulidae**			
蓝脸鲣鸟	*Sula dactylatra*		二级	
红脚鲣鸟	*Sula sula*		二级	
褐鲣鸟	*Sula leucogaster*		二级	
鸬鹚科	**Phalacrocoracidae**			
黑颈鸬鹚	*Microcarbo niger*		二级	
海鸬鹚	*Phalacrocorax pelagicus*		二级	
鹈形目	**PELECANIFORMES**			
鹮科	**Threskiornithidae**			
黑头白鹮	*Threskiornis melanocephalus*	一级		原名“白鹮”
白肩黑鹮	*Pseudibis davisoni*	一级		原名“黑鹮”
朱鹮	*Nipponia nippon*	一级		
彩鹮	*Plegadis falcinellus*	一级		
白琵鹭	*Platalea leucorodia*		二级	

续表

中文名	学名	保护级别		备注
黑脸琵鹭	*Platalea minor*	一级		
鹭科	**Ardeidae**			
小苇鳽	*Ixobrychus minutus*		二级	
海南鳽	*Gorsachius magnificus*	一级		原名"海南虎斑鳽"
栗头鳽	*Gorsachius goisagi*		二级	
黑冠鳽	*Gorsachius melanolophus*		二级	
白腹鹭	*Ardea insignis*	一级		
岩鹭	*Egretta sacra*		二级	
黄嘴白鹭	*Egretta eulophotes*	一级		
鹈鹕科 #	**Pelecanidae**			
白鹈鹕	*Pelecanus onocrotalus*	一级		
斑嘴鹈鹕	*Pelecanus philippensis*	一级		
卷羽鹈鹕	*Pelecanus crispus*	一级		
鹰形目 #	**ACCIPITRIFORMES**			
鹗科	**Pandionidae**			
鹗	*Pandion haliaetus*		二级	
鹰科	**Accipitridae**			
黑翅鸢	*Elanus caeruleus*		二级	
胡兀鹫	*Gypaetus barbatus*	一级		
白兀鹫	*Neophron percnopterus*		二级	
鹃头蜂鹰	*Pernis apivorus*		二级	
凤头蜂鹰	*Pernis ptilorhynchus*		二级	
褐冠鹃隼	*Aviceda jerdoni*		二级	
黑冠鹃隼	*Aviceda leuphotes*		二级	
兀鹫	*Gyps fulvus*		二级	

续表

中文名	学名	保护级别		备注
长嘴兀鹫	*Gyps indicus*		二级	
白背兀鹫	*Gyps bengalensis*	一级		原名“拟兀鹫”
高山兀鹫	*Gyps himalayensis*		二级	
黑兀鹫	*Sarcogyps calvus*	一级		
秃鹫	*Aegypius monachus*	一级		
蛇雕	*Spilornis cheela*		二级	
短趾雕	*Circaetus gallicus*		二级	
凤头鹰雕	*Nisaetus cirrhatus*		二级	
鹰雕	*Nisaetus nipalensis*		二级	
棕腹隼雕	*Lophotriorchis kienerii*		二级	
林雕	*Ictinaetus malaiensis*		二级	
乌雕	*Clanga clanga*	一级		
靴隼雕	*Hieraaetus pennatus*		二级	
草原雕	*Aquila nipalensis*	一级		
白肩雕	*Aquila heliaca*	一级		
金雕	*Aquila chrysaetos*	一级		
白腹隼雕	*Aquila fasciata*		二级	
凤头鹰	*Accipiter trivirgatus*		二级	
褐耳鹰	*Accipiter badius*		二级	
赤腹鹰	*Accipiter soloensis*		二级	
日本松雀鹰	*Accipiter gularis*		二级	
松雀鹰	*Accipiter virgatus*		二级	
雀鹰	*Accipiter nisus*		二级	
苍鹰	*Accipiter gentilis*		二级	
白头鹞	*Circus aeruginosus*		二级	

续表

中文名	学名	保护级别		备注
白腹鹞	*Circus spilonotus*		二级	
白尾鹞	*Circus cyaneus*		二级	
草原鹞	*Circus macrourus*		二级	
鹊鹞	*Circus melanoleucos*		二级	
乌灰鹞	*Circus pygargus*		二级	
黑鸢	*Milvus migrans*		二级	
栗鸢	*Haliastur indus*		二级	
白腹海雕	*Haliaeetus leucogaster*	一级		
玉带海雕	*Haliaeetus leucoryphus*	一级		
白尾海雕	*Haliaeetus albicilla*	一级		
虎头海雕	*Haliaeetus pelagicus*	一级		
渔雕	*Icthyophaga humilis*		二级	
白眼鵟鹰	*Butastur teesa*		二级	
棕翅鵟鹰	*Butastur liventer*		二级	
灰脸鵟鹰	*Butastur indicus*		二级	
毛脚鵟	*Buteo lagopus*		二级	
大鵟	*Buteo hemilasius*		二级	
普通鵟	*Buteo japonicus*		二级	
喜山鵟	*Buteo refectus*		二级	
欧亚鵟	*Buteo buteo*		二级	
棕尾鵟	*Buteo rufinus*		二级	
鸮形目 #	**STRIGIFORMES**			
鸱鸮科	**Strigidae**			
黄嘴角鸮	*Otus spilocephalus*		二级	
领角鸮	*Otus lettia*		二级	

续表

中文名	学名	保护级别		备注
北领角鸮	*Otus semitorques*		二级	
纵纹角鸮	*Otus brucei*		二级	
西红角鸮	*Otus scops*		二级	
红角鸮	*Otus sunia*		二级	
优雅角鸮	*Otus elegans*		二级	
雪鸮	*Bubo scandiacus*		二级	
雕鸮	*Bubo bubo*		二级	
林雕鸮	*Bubo nipalensis*		二级	
毛腿雕鸮	*Bubo blakistoni*	一级		
褐渔鸮	*Ketupa zeylonensis*		二级	
黄腿渔鸮	*Ketupa flavipes*		二级	
褐林鸮	*Strix leptogrammica*		二级	
灰林鸮	*Strix aluco*		二级	
长尾林鸮	*Strix uralensis*		二级	
四川林鸮	*Strix davidi*	一级		
乌林鸮	*Strix nebulosa*		二级	
猛鸮	*Surnia ulula*		二级	
花头鸺鹠	*Glaucidium passerinum*		二级	
领鸺鹠	*Glaucidium brodiei*		二级	
斑头鸺鹠	*Glaucidium cuculoides*		二级	
纵纹腹小鸮	*Athene noctua*		二级	
横斑腹小鸮	*Athene brama*		二级	
鬼鸮	*Aegolius funereus*		二级	
鹰鸮	*Ninox scutulata*		二级	
日本鹰鸮	*Ninox japonica*		二级	

续表

中文名	学名	保护级别		备注
长耳鸮	*Asio otus*		二级	
短耳鸮	*Asio flammeus*		二级	
草鸮科	**Tytonidae**			
仓鸮	*Tyto alba*		二级	
草鸮	*Tyto longimembris*		二级	
栗鸮	*Phodilus badius*		二级	
咬鹃目 #	**TROGONIFORMES**			
咬鹃科	**Trogonidae**			
橙胸咬鹃	*Harpactes oreskios*		二级	
红头咬鹃	*Harpactes erythrocephalus*		二级	
红腹咬鹃	*Harpactes wardi*		二级	
犀鸟目	**BUCEROTIFORMES**			
犀鸟科 #	**Bucerotidae**			
白喉犀鸟	*Anorrhinus austeni*	一级		
冠斑犀鸟	*Anthracoceros albirostris*	一级		
双角犀鸟	*Buceros bicornis*	一级		
棕颈犀鸟	*Aceros nipalensis*	一级		
花冠皱盔犀鸟	*Rhyticeros undulatus*	一级		
佛法僧目	**CORACIIFORMES**			
蜂虎科	**Meropidae**			
赤须蜂虎	*Nyctyornis amictus*		二级	
蓝须蜂虎	*Nyctyornis athertoni*		二级	
绿喉蜂虎	*Merops orientalis*		二级	
蓝颊蜂虎	*Merops persicus*		二级	
栗喉蜂虎	*Merops philippinus*		二级	

续表

中文名	学名	保护级别		备注
彩虹蜂虎	*Merops ornatus*		二级	
蓝喉蜂虎	*Merops viridis*		二级	
栗头蜂虎	*Merops leschenaulti*		二级	原名“黑胸蜂虎”
翠鸟科	**Alcedinidae**			
鹳嘴翡翠	*Pelargopsis capensis*		二级	原名“鹳嘴翠鸟”
白胸翡翠	*Halcyon smyrnensis*		二级	
蓝耳翠鸟	*Alcedo meninting*		二级	
斑头大翠鸟	*Alcedo hercules*		二级	
啄木鸟目	**PICIFORMES**			
啄木鸟科	**Picidae**			
白翅啄木鸟	*Dendrocopos leucopterus*		二级	
三趾啄木鸟	*Picoides tridactylus*		二级	
白腹黑啄木鸟	*Dryocopus javensis*		二级	
黑啄木鸟	*Dryocopus martius*		二级	
大黄冠啄木鸟	*Chrysophlegma flavinucha*		二级	
黄冠啄木鸟	*Picus chlorolophus*		二级	
红颈绿啄木鸟	*Picus rabieri*		二级	
大灰啄木鸟	*Mulleripicus pulverulentus*		二级	
隼形目 #	**FALCONIFORMES**			
隼科	**Falconidae**			
红腿小隼	*Microhierax caerulescens*		二级	
白腿小隼	*Microhierax melanoleucos*		二级	
黄爪隼	*Falco naumanni*		二级	
红隼	*Falco tinnunculus*		二级	
西红脚隼	*Falco vespertinus*		二级	

续表

中文名	学名	保护级别		备注
红脚隼	*Falco amurensis*		二级	
灰背隼	*Falco columbarius*		二级	
燕隼	*Falco subbuteo*		二级	
猛隼	*Falco severus*		二级	
猎隼	*Falco cherrug*	一级		
矛隼	*Falco rusticolus*	一级		
游隼	*Falco peregrinus*		二级	
鹦鹉目 #	**PSITTACIFORMES**			
鹦鹉科	**Psittacidae**			
短尾鹦鹉	*Loriculus vernalis*		二级	
蓝腰鹦鹉	*Psittinus cyanurus*		二级	
亚历山大鹦鹉	*Psittacula eupatria*		二级	
红领绿鹦鹉	*Psittacula krameri*		二级	
青头鹦鹉	*Psittacula himalayana*		二级	
灰头鹦鹉	*Psittacula finschii*		二级	
花头鹦鹉	*Psittacula roseata*		二级	
大紫胸鹦鹉	*Psittacula derbiana*		二级	
绯胸鹦鹉	*Psittacula alexandri*		二级	
雀形目	**PASSERIFORMES**			
八色鸫科 #	**Pittidae**			
双辫八色鸫	*Pitta phayrei*		二级	
蓝枕八色鸫	*Pitta nipalensis*		二级	
蓝背八色鸫	*Pitta soror*		二级	
栗头八色鸫	*Pitta oatesi*		二级	
蓝八色鸫	*Pitta cyanea*		二级	

续表

中文名	学名	保护级别		备注
绿胸八色鸫	*Pitta sordida*		二级	
仙八色鸫	*Pitta nympha*		二级	
蓝翅八色鸫	*Pitta moluccensis*		二级	
阔嘴鸟科 #	**Eurylaimidae**			
长尾阔嘴鸟	*Psarisomus dalhousiae*		二级	
银胸丝冠鸟	*Serilophus lunatus*		二级	
黄鹂科	**Oriolidae**			
鹊鹂	*Oriolus mellianus*		二级	
卷尾科	**Dicruridae**			
小盘尾	*Dicrurus remifer*		二级	
大盘尾	*Dicrurus paradiseus*		二级	
鸦科	**Corvidae**			
黑头噪鸦	*Perisoreus internigrans*	一级		
蓝绿鹊	*Cissa chinensis*		二级	
黄胸绿鹊	*Cissa hypoleuca*		二级	
黑尾地鸦	*Podoces hendersoni*		二级	
白尾地鸦	*Podoces biddulphi*		二级	
山雀科	**Paridae**			
白眉山雀	*Poecile superciliosus*		二级	
红腹山雀	*Poecile davidi*		二级	
百灵科	**Alaudidae**			
歌百灵	*Mirafra javanica*		二级	
蒙古百灵	*Melanocorypha mongolica*		二级	
云雀	*Alauda arvensis*		二级	
苇莺科	**Acrocephalidae**			

续表

中文名	学名	保护级别		备注
细纹苇莺	*Acrocephalus sorghophilus*		二级	
鹎科	**Pycnonotidae**			
台湾鹎	*Pycnonotus taivanus*		二级	
莺鹛科	**Sylviidae**			
金胸雀鹛	*Lioparus chrysotis*		二级	
宝兴鹛雀	*Moupinia poecilotis*		二级	
中华雀鹛	*Fulvetta striaticollis*		二级	
三趾鸦雀	*Cholornis paradoxus*		二级	
白眶鸦雀	*Sinosuthora conspicillata*		二级	
暗色鸦雀	*Sinosuthora zappeyi*		二级	
灰冠鸦雀	*Sinosuthora przewalskii*	一级		
短尾鸦雀	*Neosuthora davidiana*		二级	
震旦鸦雀	*Paradoxornis heudei*		二级	
绣眼鸟科	**Zosteropidae**			
红胁绣眼鸟	*Zosterops erythropleurus*		二级	
林鹛科	**Timaliidae**			
淡喉鹩鹛	*Spelaeornis kinneari*		二级	
弄岗穗鹛	*Stachyris nonggangensis*		二级	
幽鹛科	**Pellorneidae**			
金额雀鹛	*Schoeniparus variegaticeps*	一级		
噪鹛科	**Leiothrichidae**			
大草鹛	*Babax waddelli*		二级	
棕草鹛	*Babax koslowi*		二级	
画眉	*Garrulax canorus*		二级	
海南画眉	*Garrulax owstoni*		二级	

续表

中文名	学名	保护级别		备注
台湾画眉	*Garrulax taewanus*		二级	
褐胸噪鹛	*Garrulax maesi*		二级	
黑额山噪鹛	*Garrulax sukatschewi*	一级		
斑背噪鹛	*Garrulax lunulatus*		二级	
白点噪鹛	*Garrulax bieti*	一级		
大噪鹛	*Garrulax maximus*		二级	
眼纹噪鹛	*Garrulax ocellatus*		二级	
黑喉噪鹛	*Garrulax chinensis*		二级	
蓝冠噪鹛	*Garrulax courtoisi*	一级		
棕噪鹛	*Garrulax berthemyi*		二级	
橙翅噪鹛	*Trochalopteron elliotii*		二级	
红翅噪鹛	*Trochalopteron formosum*		二级	
红尾噪鹛	*Trochalopteron milnei*		二级	
黑冠薮鹛	*Liocichla bugunorum*	一级		
灰胸薮鹛	*Liocichla omeiensis*	一级		
银耳相思鸟	*Leiothrix argentauris*		二级	
红嘴相思鸟	*Leiothrix lutea*		二级	
旋木雀科	**Certhiidae**			
四川旋木雀	*Certhia tianquanensis*		二级	
䴓科	**Sittidae**			
滇䴓	*Sitta yunnanensis*		二级	
巨䴓	*Sitta magna*		二级	
丽䴓	*Sitta formosa*		二级	
椋鸟科	**Sturnidae**			
鹩哥	*Gracula religiosa*		二级	

续表

中文名	学名	保护级别		备注
鸫科	**Turdidae**			
褐头鸫	*Turdus feae*		二级	
紫宽嘴鸫	*Cochoa purpurea*		二级	
绿宽嘴鸫	*Cochoa viridis*		二级	
鹟科	**Muscicapidae**			
棕头歌鸲	*Larvivora ruficeps*	一级		
红喉歌鸲	*Calliope calliope*		二级	
黑喉歌鸲	*Calliope obscura*		二级	
金胸歌鸲	*Calliope pectardens*		二级	
蓝喉歌鸲	*Luscinia svecica*		二级	
新疆歌鸲	*Luscinia megarhynchos*		二级	
棕腹林鸲	*Tarsiger hyperythrus*		二级	
贺兰山红尾鸲	*Phoenicurus alaschanicus*		二级	
白喉石䳭	*Saxicola insignis*		二级	
白喉林鹟	*Cyomis brunneatus*		二级	
棕腹大仙鹟	*Niltava davidi*		二级	
大仙鹟	*Niltava grandis*		二级	
岩鹨科	**Prunellidae**			
贺兰山岩鹨	*Prunella koslowi*		二级	
朱鹀科	**Urocynchramidae**			
朱鹀	*Urocynchramus pylzowi*		二级	
燕雀科	**Fringillidae**			
褐头朱雀	*Carpodacus sillemi*		二级	
藏雀	*Carpodacus roborowskii*		二级	
北朱雀	*Carpodacus roseus*		二级	

续表

中文名	学名	保护级别		备注
红交嘴雀	*Loxia curvirostra*		二级	
鹀科	**Emberizidae**			
蓝鹀	*Emberiza siemsseni*		二级	
栗斑腹鹀	*Emberiza jankowskii*	一级		
黄胸鹀	*Emberiza aureola*	一级		
藏鹀	*Emberiza koslowi*		二级	
哺乳纲 MAMMALIA				
灵长目 #	**PRIMATES**			
懒猴科	**Lorisidae**			
蜂猴	*Nycticebus bengalensis*	一级		
倭蜂猴	*Nycticebus pygmaeus*	一级		
猴科	**Cercopithecidae**			
短尾猴	*Macaca arctoides*		二级	
熊猴	*Macaca assamensis*		二级	
台湾猴	*Macaca cyclopis*	一级		
北豚尾猴	*Macaca leonina*	一级		原名“豚尾猴”
白颊猕猴	*Macaca leucogenys*		二级	
猕猴	*Macaca mulatta*		二级	
藏南猕猴	*Macaca munzala*		二级	
藏酋猴	*Macaca thibetana*		二级	
喜山长尾叶猴	*Semnopithecus schistaceus*	一级		
印支灰叶猴	*Trachypithecus crepusculus*	一级		
黑叶猴	*Trachypithecus francoisi*	一级		
菲氏叶猴	*Trachypithecus phayrei*	一级		
戴帽叶猴	*Trachypithecus pileatus*	一级		

续表

中文名	学名	保护级别		备注
白头叶猴	*Trachypithecus leucocephalus*	一级		
肖氏乌叶猴	*Trachypithecus shortridgei*	一级		
滇金丝猴	*Rhinopithecus bieti*	一级		
黔金丝猴	*Rhinopithecus brelichi*	一级		
川金丝猴	*Rhinopithecus roxellana*	一级		
怒江金丝猴	*Rhinopithecus strykeri*	一级		
长臂猿科	**Hylobatidae**			
西白眉长臂猿	*Hoolock hoolock*	一级		
东白眉长臂猿	*Hoolock leuconedys*	一级		
高黎贡白眉长臂猿	*Hoolock tianxing*	一级		
白掌长臂猿	*Hylobates lar*	一级		
西黑冠长臂猿	*Nomascus concolor*	一级		
东黑冠长臂猿	*Nomascus nasutus*	一级		
海南长臂猿	*Nomascus hainanus*	一级		
北白颊长臂猿	*Nomascus leucogenys*	一级		
鳞甲目 #	**PHOLIDOTA**			
鲮鲤科	**Manidae**			
印度穿山甲	*Manis crassicaudata*	一级		
马来穿山甲	*Manis javanica*	一级		
穿山甲	*Manis pentadactyla*	一级		
食肉目	**CARNIVORA**			
犬科	**Canidae**			
狼	*Canis lupus*		二级	
亚洲胡狼	*Canis aureus*		二级	
豺	*Cuon alpinus*	一级		

续表

中文名	学名	保护级别		备注
貉	*Nyctereutes procyonoides*		二级	仅限野外种群
沙狐	*Vulpes corsac*		二级	
藏狐	*Vulpes ferrilata*		二级	
赤狐	*Vulpes vulpes*		二级	
熊科 #	**Ursidae**			
懒熊	*Melursus ursinus*		二级	
马来熊	*Helarctos malayanus*	一级		
棕熊	*Ursus arctos*		二级	
黑熊	*Ursus thibetanus*		二级	
大熊猫科 #	**Ailuropodidae**			
大熊猫	*Ailuropoda melanoleuca*	一级		
小熊猫科 #	**Ailuridae**			
小熊猫	*Ailurus fulgens*		二级	
鼬科	**Mustelidae**			
黄喉貂	*Martes flavigula*		二级	
石貂	*Martes foina*		二级	
紫貂	*Martes zibellina*	一级		
貂熊	*Gulo gulo*	一级		
* 小爪水獭	*Aonyx cinerea*		二级	
* 水獭	*Lutra lutra*		二级	
* 江獭	*Lutrogale perspicillata*		二级	
灵猫科	**Viverridae**			
大斑灵猫	*Viverra megaspila*	一级		
大灵猫	*Viverra zibetha*	一级		
小灵猫	*Viverricula indica*	一级		

续表

中文名	学名	保护级别		备注
椰子猫	*Paradoxurus hermaphroditus*		二级	
熊狸	*Arctictis binturong*	一级		
小齿狸	*Arctogalidia trivirgata*	一级		
缟灵猫	*Chrotogale owstoni*	一级		
林狸科	**Prionodontidae**			
斑林狸	*Prionodon pardicolor*		二级	
猫科 #	**Felidae**			
荒漠猫	*Felis bieti*	一级		
丛林猫	*Felis chaus*	一级		
草原斑猫	*Felis silvestris*		二级	
渔猫	*Felis viverrinus*		二级	
兔狲	*Otocolobus manul*		二级	
猞猁	*Lynx lynx*		二级	
云猫	*Pardofelis marmorata*		二级	
金猫	*Pardofelis temminckii*	一级		
豹猫	*Prionailurus bengalensis*		二级	
云豹	*Neofelis nebulosa*	一级		
豹	*Panthera pardus*	一级		
虎	*Panthera tigris*	一级		
雪豹	*Panthera uncia*	一级		
鳍足目	**PINNIPEDIA**			
海狮科 #	**Otariidae**			
* 北海狗	*Callorhinus ursinus*		二级	
* 北海狮	*Eumetopias jubatus*		二级	
海豹科 #	**Phocidae**			

续表

中文名	学名	保护级别		备注
* 西太平洋斑海豹	*Phoca largha*	一级		原名“斑海豹”
* 髯海豹	*Erignathus barbatus*		二级	
* 环海豹	*Pusa hispida*		二级	
长鼻目 #	**PROBOSCIDEA**			
象科	**Elephantidae**			
亚洲象	*Elephas maximus*	一级		
奇蹄目	**PERISSODACTYLA**			
马科	**Equidae**			
普氏野马	*Equus ferus*	一级		原名“野马”
蒙古野驴	*Equus hemionus*	一级		
藏野驴	*Equus kiang*	一级		原名“西藏野驴”
偶蹄目	**ARTIODACTYLA**			
骆驼科	**Camelidae**			原名“驼科”
野骆驼	*Camelus ferus*	一级		
鼷鹿科 #	**Tragulidae**			
威氏鼷鹿	*Tragulus williamsoni*	一级		原名“鼷鹿”
麝科 #	**Moschidae**			
安徽麝	*Moschus anhuiensis*	一级		
林麝	*Moschus berezovskii*	一级		
马麝	*Moschus chrysogaster*	一级		
黑麝	*Moschus fuscus*	一级		
喜马拉雅麝	*Moschus leucogaster*	一级		
原麝	*Moschus moschiferus*	一级		
鹿科	**Cervidae**			
獐	*Hydropotes inermis*		二级	原名“河麂”

续表

中文名	学名	保护级别		备注
黑麂	*Muntiacus crinifrons*	一级		
贡山麂	*Muntiacus gongshanensis*		二级	
海南麂	*Muntiacus nigripes*		二级	
豚鹿	*Axis porcinus*	一级		
水鹿	*Cervus equinus*		二级	
梅花鹿	*Cervus nippon*	一级		仅限野外种群
马鹿	*Cervus canadensis*		二级	仅限野外种群
西藏马鹿（包括白臀鹿）	*Cervus wallichii (C.w.macneilli)*	一级		
塔里木马鹿	*Cervus yarkandensis*	一级		仅限野外种群
坡鹿	*Panolia siamensis*	一级		
白唇鹿	*Przewalskium albirostris*	一级		
麋鹿	*Elaphurus davidianus*	一级		
毛冠鹿	*Elaphodus cephalophus*		二级	
驼鹿	*Alces alces*	一级		
牛科	**Bovidae**			
野牛	*Bos gaurus*	一级		
爪哇野牛	*Bos javanicus*	一级		
野牦牛	*Bos mutus*	一级		
蒙原羚	*Procapra gutturosa*	一级		原名“黄羊”
藏原羚	*Procapra picticaudata*		二级	
普氏原羚	*Procapra przewalskii*	一级		
鹅喉羚	*Gazella subgutturosa*		二级	
藏羚	*Pantholops hodgsonii*	一级		
高鼻羚羊	*Saiga tatarica*	一级		
秦岭羚牛	*Budorcas bedfordi*	一级		

续表

中文名	学名	保护级别		备注
四川羚牛	*Budorcas tibetanus*	一级		
不丹羚牛	*Budorcas whitei*	一级		
贡山羚牛	*Budorcas taxicolor*	一级		
赤斑羚	*Naemorhedus baileyi*	一级		
长尾斑羚	*Naemorhedus caudatus*		二级	
缅甸斑羚	*Naemorhedus evansi*		二级	
喜马拉雅斑羚	*Naemorhedus goral*	一级		
中华斑羚	*Naemorhedus griseus*		二级	
塔尔羊	*Hemitragus jemlahicus*	一级		
北山羊	*Capra sibirica*		二级	
岩羊	*Pseudois nayaur*		二级	
阿尔泰盘羊	*Ovis ammon*		二级	
哈萨克盘羊	*Ovis collium*		二级	
戈壁盘羊	*Ovis darwini*		二级	
西藏盘羊	*Ovis hodgsoni*	一级		
天山盘羊	*Ovis karelini*		二级	
帕米尔盘羊	*Ovis polii*		二级	
中华鬣羚	*Capricornis milneedwardsii*		二级	
红鬣羚	*Capricornis rubidus*		二级	
台湾鬣羚	*Capricornis swinhoei*	一级		
喜马拉雅鬣羚	*Capricornis thar*	一级		
啮齿目	**RODENTIA**			
河狸科 #	**Castoridae**			
河狸	*Castor fiber*	一级		
松鼠科	**Sciuridae**			

续表

中文名	学名	保护级别		备注
巨松鼠	*Ratufa bicolor*		二级	
兔形目	**LAGOMORPHA**			
鼠兔科	**Ochotonidae**			
贺兰山鼠兔	*Ochotona argentata*		二级	
伊犁鼠兔	*Ochotona iliensis*		二级	
兔科	**Leporidae**			
粗毛兔	*Caprolagus hispidus*		二级	
海南兔	*Lepus hainanus*		二级	
雪兔	*Lepus timidus*		二级	
塔里木兔	*Lepus yarkandensis*		二级	
海牛目 #	**SIRENIA**			
儒艮科	**Dugongidae**			
* 儒艮	*Dugong dugon*	一级		
鲸目 #	**CETACEA**			
露脊鲸科	**Balaenidae**			
* 北太平洋露脊鲸	*Eubalaena japonica*	一级		
灰鲸科	**Eschrichtiidae**			
* 灰鲸	*Eschrichtius robustus*	一级		
须鲸科	**Balaenopteridae**			
* 蓝鲸	*Balaenoptera musculus*	一级		
* 小须鲸	*Balaenoptera acutorostrata*	一级		
* 塞鲸	*Balaenoptera borealis*	一级		
* 布氏鲸	*Balaenoptera edeni*	一级		
* 大村鲸	*Balaenoptera omurai*	一级		
* 长须鲸	*Balaenoptera physalus*	一级		

续表

中文名	学名	保护级别		备注
* 大翅鲸	*Megaptera novaeangliae*	一级		
白鱀豚科	**Lipotidae**			
* 白鱀豚	*Lipotes vexillifer*	一级		
恒河豚科	**Platanistidae**			
* 恒河豚	*Platanista gangetica*	一级		
海豚科	**Delphinidae**			
* 中华白海豚	*Sousa chinensis*	一级		
* 糙齿海豚	*Steno bredanensis*		二级	
* 热带点斑原海豚	*Stenella attenuata*		二级	
* 条纹原海豚	*Stenella coeruleoalba*		二级	
* 飞旋原海豚	*Stenella longirostris*		二级	
* 长喙真海豚	*Delphinus capensis*		二级	
* 真海豚	*Delphinus delphis*		二级	
* 印太瓶鼻海豚	*Tursiops aduncus*		二级	
* 瓶鼻海豚	*Tursiops truncatus*		二级	
* 弗氏海豚	*Lagenodelphis hosei*		二级	
* 里氏海豚	*Grampus griseus*		二级	
* 太平洋斑纹海豚	*Lagenorhynchus obliquidens*		二级	
* 瓜头鲸	*Peponocephala electra*		二级	
* 虎鲸	*Orcinus orca*		二级	
* 伪虎鲸	*Pseudorca crassidens*		二级	
* 小虎鲸	*Feresa attenuata*		二级	
* 短肢领航鲸	*Globicephala macrorhynchus*		二级	
鼠海豚科	**Phocoenidae**			
* 长江江豚	*Neophocaena asiaeorientalis*	一级		

续表

中文名	学名	保护级别		备注
* 东亚江豚	*Neophocaena sunameri*		二级	
* 印太江豚	*Neophocaena phocaenoid*		二级	
抹香鲸科	**Physeteridae**			
* 抹香鲸	*Physeter macrocephalus*	一级		
* 小抹香鲸	*Kogia breviceps*		二级	
* 侏抹香鲸	*Kogia sima*		二级	
喙鲸科	**Ziphidae**			
* 鹅喙鲸	*Ziphius cavirostris*		二级	
* 柏氏中喙鲸	*Mesoplodon densirostris*		二级	
* 银杏齿中喙鲸	*Mesoplodon ginkgodens*		二级	
* 小中喙鲸	*Mesoplodon peruvianus*		二级	
* 贝氏喙鲸	*Berardius bairdii*		二级	
* 朗氏喙鲸	*Indopacetus pacificus*		二级	
* 代表水生野生动物；# 代表该分类单元所有种均列入名录。				

中文名索引

拉丁学名索引